乡村振兴背景下的
水利工程环境设计

肖永发　陆一奇　肖健飞　等◎编著

中国林业出版社
China Forestry Publishing House

图书在版编目 (CIP) 数据

乡村振兴背景下的水利工程环境设计 / 肖永发等编
著. — 北京：中国林业出版社，2024. 12. — ISBN
978-7-5219-2961-4

Ⅰ. TV222

中国国家版本馆 CIP 数据核字第 20241ET005 号

策划、责任编辑：陈　惠

出版发行：中国林业出版社
　　　　　（100009，北京市西城区刘海胡同 7 号，电话 83143614）
电子邮箱：cfphzbs@ 163. com
网址：www. cfph. net
印刷：河北鑫汇壹印刷有限公司
版次：2024 年 12 月第 1 版
印次：2024 年 12 月第 1 次
开本：787mm×1092mm　1/16
印张：9
字数：220 千字
定价：78. 00 元

前　言

　　水利是农业的命脉，是实现乡村振兴的关键要素之一。推进中国式现代化，必须坚持不懈夯实农业基础，全面推进乡村振兴，水利行业责无旁贷。《乡村振兴背景下的水利工程环境设计》正是在这样的背景下应运而生的，它将水利工程环境设计建设放置在乡村振兴的宏伟蓝图之中，深入探讨如何在强化功能的同时，更好地融入乡村的自然环境和文化背景，实现水利工程的环境美化和文化传承，绘就宜居宜业和美乡村新画卷，为乡村发展注入新的活力与动力。本书的问世，体现了对国家实施乡村振兴战略的积极响应，代表了水利工程领域与时俱进的探索和实践。

　　水利工程是国家社会公共基础设施建设的重要组成部分，对保障国家水安全及粮食安全、促进农业发展、维护生态平衡等方面具有举足轻重的作用。然而，由于种种原因水利工程设计习惯于"就水利论水利"，忽视了环境的整体性和地方特色的重要性，难以满足乡村振兴的多元需求和人们对美好生活环境的向往。在乡村振兴的大潮中，水利工程不再是单一的供水、排涝功能，而是兼具生态修复、美化环境、赓续文脉、助力乡村发展等多重目标功能的综合体，是既有实用价值又具有观赏性、教育性、游览性的多功能空间。这种变化正是本书所聚焦的议题。

　　本书简述了水利工程环境设计存在的问题，并总结过往的设计经验，分门别类地论述了创新设计的新理念、新方法和新案例，强调水利工程不仅要考虑对水资源的合理利用和保护，还要有生态、文化、景观、审美等宽广的视野和多元化的思考，通过良好的环境设计实现自身与乡村风貌的和谐统一，增强乡村的旅游吸引力、文化教育、产业衍生等功能，实现水利工程与乡村生态环境的和谐共生，与乡村产业发展的共振，与乡村振兴的共步。这种设计理念的转变，标志着水利工程由单一的功能性项目向生态文明与乡村振兴深度融合的方向发展。

　　借助本书，人们能够看到水利工程在乡村建设中所能发挥的巨大潜力。从单一功能的满足到复合功能的整合，成为乡村生态系统的重要组成部分，承载着人与自然、工程与生态和谐共处的美好图景。如此，水利工程将不再仅是工程技术人员的事务，也是规划师、设计师、环境学家、生态学家、美学家、社会学家、政策制定者乃至每一个关心乡村未来的人的共同课题。我们期待本书能够激发更多的创新思考，引领更多的实践探索，为实现乡村振兴、共同富裕做出新的更大贡献。

本书第 1 章论述了水利工程环境设计的指导思想、设计原则、目标定位、设计思路、设计重点等。第 2 章简述了水库、山塘、湖泊、河道、水工建(构)筑物等水利工程环境设计中存在的一些问题。第 3 章从水利工程环境的用地范围、管理范围、用地性质、分类标准、设计目标、设计要点、图则、禁止性要求等方面阐述环境设计的主要内容。第 4 章分门别类地提供一些水利工程环境设计参考示意图。第 5 章列举了一些水利工程环境设计案例。第 6 章在简述了农业水价综合改革背景下，对量大面广的农田灌溉泵站、堰坝水闸等"小农水"工程环境设计的发展演变、发展趋向、发展特点等进行阐述。本书可作为水利工程、国土空间、城乡规划、乡村建设、生态环境、农田建设等专业领域的参考教材，也可成为水利工程设计者、生态环境规划者、国土空间规划设计者、水利及乡村振兴政策制定者和所有关心乡村振兴读者的实用指南，共同推动我国乡村振兴的美好发展。

本书由杭州水利科技有限公司策划编写，由肖永发、陆一奇、肖健飞、项慰明、卫忠平、杨杰、季超、何昱、吴延胜、王雪、陈玲玲、毛丹清等人编著。

在此，衷心感谢参与编写的各位同事，他们的辛勤努力和卓有成效的工作，无疑将为我国乡村振兴战略的实施提供有力的支撑。同时，也希望本书能够启发更多人参与到乡村振兴的伟大事业中来，共同为实现美丽乡村的梦想而努力奋斗。

由于编写人员水平有限，时间仓促，书中缺点、错误在所难免，望读者批评指正。

编著者

2024 年 10 月

目　录

1 水利工程环境设计总则

1.1 指导思想

乡村振兴的核心在"三农"，农业强不强、农村美不美、农民富不富，决定着全面小康社会的成色和社会主义现代化的质量。"三农"问题的关键是环境，只有环境品质提升了，才能有好的农产品，才能发展农文旅等其他相关产业。乡村振兴背景下的水利工程环境设计指导思想，就是要立足水利行业特点，坚持新发展理念、贯彻高质量发展要求，通过水利工程环境的整体设计和建设，达到既能优化、修复水域生态环境，提升种植业和养殖业等农产品质量的目标，又能让水利工程"有内容可学、有景观可赏、有故事可讲"，传承优秀水利工程文化，催生乡村文旅产业，延伸乡村产业链条，把水利工程产品打造为农文旅融合发展的旅游产品，助力乡村振兴。

水利工程环境设计是一个多维度、跨学科的工作，它集合了水利学、建筑学、环境科学、心理学、工程学等多个学科的知识，目标是创造出既满足水利工程的功能需求，又与自然环境、当地居民活动、乡村建设、乡村振兴等和谐共存的空间。因此，水利工程环境设计是一项综合性、专业性、政策性很强的工作，需要综合考虑众多因素，包括水利自身业务需求、相关法律法规、技术标准、设计美学、技术可行性及其成本效益等。设计师需要在这些因素之间积极寻找平衡，打造既实用又美观、既经济又安全、既现代又可持续的水利工程环境。

乡村振兴视域下的水利工程环境设计思想，需要贯穿"统、承、靓"三大策略：

①统。从当地国土空间的大尺度上统筹水利工程环境设计各要素，充分利用水利工程的特质、所处的山水环境等资源，打造与周边乡村环境有机融合的路径，形成"活力水利、惬意山水"的格局。

②承。在水利工程风貌设计、环境景观营造上，融入地方文化语言，传承当地历史文脉，形成"涵养水利、交相辉映"的环境景观。

③靓。在优化功能、提升水质、美化水域的同时，对水利工程建筑形式、岸线梳理、

绿化配置、景观营造、道路选型等进行综合设计谋划，让水利工程靓丽起来，形成"诗画水利，品质乡村"的整体优美景象。

1.2　设计原则

（1）系统性原则

根据地域、功能、环境、植被、文化等多因子叠加分析不同水利工程的风貌类型，进行系统分类，并结合乡村振兴政策以及水利工程所在的环境特点，提出水利工程环境设计建议。

（2）科教性原则

水利工程是一种人文景观资源，人文科技信息的传达除了来自水利工程本身基本功能以外，还可通过多种形式的科普宣教方式来丰富内涵。可将科普宣教信息融入水利工程之中，实现寓教于乐、浑然天成的科普信息传达。

（3）生态性原则

水利工程的建设应遵循生态环境的基本需求，统筹考虑和协调处理好工程周边、上下游、左右岸之间的关系，以及岸线的开发利用可能带来的相互影响，展现水利工程自然山水生态特征，实现人与自然的和谐共存，在确保工程安全、保障功能不受影响的前提下，融入乡村振兴行动进行设计、建设，妥善协调好乡村振兴、水利工程安全保障功能与生态功能之间的关系，并防止过度水利工程化。

（4）人本性原则

围绕乡村振兴，充分考虑周边居民和游客使用环境的需求，为群众提供合适尺度的游憩、休闲等场所，延伸乡村产业链，让人民群众共享水利工程建设成果，增强人民群众的安全感、获得感、幸福感，营造全民共建、共治、共享的治水新格局。

（5）文化性原则

挖掘水利工程的水文化资源，通过水利工程凸显乡村地域风貌，提炼本土文化元素应用到水工环境设计中，传承优秀水利工程文化，将水利工程环境打造成为展示地域文化特色、促进历史文化保护与传承的风景线。

（6）智慧发展原则

智慧化发展主要依托现代化数字技术手段，建成水利工程信息基础感知体系，建设泵闸站*等水利工程的 APP 一键远程控制系统，提高工程调度执行的效率，实现工程智能化、精细化调度，推动水利公众参与、精细化管理，提升科学化决策、调度管理水平，推动"智慧城乡"融合发展。

1.3　目标定位

1.3.1　总体目标

打造安全美观、绿色健康、活力休闲、文化彰显、智慧互动的水利风景线和乡村振兴

---

* 泵闸站是指泵站、闸站的统称；下同。

示范景区。

1.3.2　分项目标

（1）水工建筑安全美观

在水工建筑满足农田灌溉、防洪排涝等基本功能要求的前提下，进行整体环境设计。提出符合山区型、平原型河道，湖泊，湿地，水库、山塘等水利工程设计的形式与材料，泵站、闸站、堰坝等过水设施的造型与周边环境相协调，使水利工程建筑达到安全、美观、融入乡村环境的整体效果，从而转变水利工程"就水利而水利"的理念。

（2）生态环境绿色健康

生态健康是水利工程环境设计、乡村振兴的重要基础。坚持生态为先、功能为先，严格保护生态资源，尊重水利工程自然本底现状，改善动植物生境，连通生态廊道，提升生物多样性。所有的水利工程环境设计需服从生态功能，营造出河道、湖泊、湿地等丰富多样的滨水生态环境基础。

（3）水岸景观活力休闲

通过营造宜人的水利工程景观环境，协调各类风貌要素之间的关系，通过景观风貌、景观配套设施、植物风貌的控制，创造与周边环境相协调的景观风貌，为各年龄段使用人群提供多样性需求的功能和场所，设置内容丰富、功能合理兼具文化魅力和活动吸引力的开放场所，最大程度地满足居民、游客的活动需求，真正为乡村振兴、为人们打造幸福活力的水岸环境景观。

（4）文化魅力传承彰显

严格保护水利工程及其周边的历史遗迹点、文物保护单位、历史风貌保护区和历史风貌保护街坊等，注重对物质水文化遗产和非物质水文化遗产的保护与利用。深度挖掘本地丰富的文化底蕴，融入水利工程不同环境风貌类型的具体设计中，赓续水利工程文脉。设置能体现不同环境类型风貌的景观小品等设施，营造富有多元文化氛围的场景，提升居民、游客对水利工程文化精神的认同感，塑造优秀水利工程作品，提升乡村的文化魅力，助力农文旅融合发展，助推乡村振兴。

（5）智慧设施科教互动

营造智慧水利工程的氛围，展现现代化"智慧乡村"的形象。在规划设计和建设管理过程中运用智慧手段，推进水利工程基础设施的智能化建设、有机改造、品质提升，进一步提升水利工程的安全监管、高效运营、长效维养、科普宣传、寓教于乐，以及水域岸线地区的人性化服务水平。

1.4　设计思路

（1）背景研究与现状梳理

对水利工程规划设计区域内各类河道、水库、山塘、堤塘等的水利工程，水闸（堰坝）

工程、泵(闸)站等水工建(构)筑物，以及周边环境及自然人文资源等进行深入调研，并从水安全现状、水环境现状、水景观建设现状、文化资源现状等方面，对调研基础资料进行系统收集与分析，查找共性问题，剖析问题成因，探求其中规律，归纳出水利工程环境设计建设的主要症结，为打造水利工程总体环境的价值导向系统提供支撑依据。

（2）目标定位与重点布局

结合乡村振兴政策背景以及本地水利综合规划、幸福河湖规划、农田灌溉发展规划、现代化灌区发展规划、美丽乡村规划等各类规划要求，提出符合本地水利工程环境设计的理念、目标、空间布局、结构形态等，并确定水利工程环境设计的工作重点，对其进行深入研究。

（3）评价标准与分类研究

根据美丽乡村、乡村振兴等发展背景，结合各层次规划相关要求，从本地水利工程的现状特点出发，提出本地水利工程环境的评价和分类标准，构建水利工程环境价值导向的设计体系。

（4）分区指引与典型设计

根据当地水域的功能分区要求，进行分区环境设计指引；对本地典型水利工程设施的各设计要素，进行具体环境设计指引；按区域敏感性、周边用地特点等因素，对各类水利工程设施进行分类环境设计指引。通过这些设计指引，彰显水利工程的当地环境特色，避免水利工程风貌同质，提升乡村振兴的内驱力。

（5）水利工程识别性

水文与水工建(构)筑物是水利工程建设的基础载体和手段，而水利工程总体环境的提升，除了满足基本的水利功能外，还要体现水域与道路的通行、观赏指引、生态自然、视觉景观、教育科普、休憩游览等各种功能需求。因此，应以当地水利工程中最典型的水工建(构)筑物为主体，通过将水文、水工、河道、绿道通行、植被、标志标牌、设施小品等综合规划设计，整体环境营造，将水利工程、水利景观、历史文化以及科普教育等深度融合，体现水利工程环境"多目标"的发展规划、设计、建设的理念，打造具有空间领域感、识别性强的水利工程环境，为催生乡村旅游休闲产业、延伸乡村产业链奠定良好的基础。

1.5 设计重点

（1）保证水利工程设施安全美观

在确保绝对安全的前提下，进行水库、山塘、湖泊、河道和泵闸站等水工建(构)筑物的美化设计。

对已建的水利工程，充分结合现在已有的条件，对堤岸、水闸、泵闸站、堰坝、大坝等水工建筑进行详细的评价分析，应分析其所处的区域环境和风貌类型，按照美丽乡村、安全美观的要求，分门别类进行设计，分别提出环境设计方案，并考虑结合景观效果、人群参与度、后期维护等进行综合设计。

对于未建的或根据当地水利规划需要改造提升、更新升级的水利工程，宜根据河道、湖泊等所处地形、地质条件、建筑材料、施工条件、运营和管理等要求，结合水利使用功能、周边生态环境、景观美化、工程造价等因素，综合选定有地方特色的设计形式和建筑材料，尽量保留原生植被，并考虑乡村振兴、周边环境的需求，提出水利工程建设与景观绿化有机结合，泵闸站、堰坝等水利建筑与乡村振兴相融合的多功能、开放性的设计方案。

（2）保持水利工程设施生态健康

通过对水利工程的场地环境整体调研，现有河道、湖泊、水库、山塘等水质数据分析，污染源调查，生物多样性调查等工作，水域的水质提升除了水利工程环境修复生态外，更需要市政截污纳管、农业、工业和居民生活等面源污染控制，完善雨污分流体系，实施农业水价综合改革，推进农田灌溉节水减排，以及加强大生态修复措施等多方面共同完成。

在水利工程的水域生态环境建设中，对主要采用生态化河床改造的，可以通过生态湿地、微孔纳米曝气、生态填料、阿克曼生态基、生态浮床、补种沉水植被、投放水生动物等工程措施，以实现水生态健康目标。

（3）打造美丽宜人的水利工程风貌

在景观资源调查评价的基础上，对具有保护、挖掘、开发利用的各类景观资源进行统筹规划，并与河道、湖泊、水库、山塘等水域周边的自然特色、历史人文、生态环境相协调。

位于城乡接合部的河道、湖泊等要更多结合城镇规划定位和功能需求，水利工程环境应与城镇环境与游憩功能充分结合，合理布置滨水慢行道路和景观配套设施，多功能复合并吸引人群参与活动；对于乡村郊野型的河道、湖泊、水库、山塘等水利工程景观环境，在规划设计时宜保持原有的自然生态景观风貌，结合美丽乡村、乡村振兴、农文旅综合体建设等要求，提升环境品质，体现当地的乡土特色。

（4）彰显水利工程设施文化魅力

充分挖掘本土历史人文资源，做好实地勘察、资料调研、科学分析，着重彰显本土历史、水利文化、古镇文化、诗词文化，以及互联网科技创新文化等各类文化特色，融入水利工程的环境设计、场景体验、水文化活动营造之中。在水利工程的游憩环境空间中，民间故事、神话传说、名人名家等可通过景观铺装、小品、雕塑、景墙、文化长廊、水上舞台、翻翻乐互动等方式展现。

对古代的水文化遗产，应按照遗产保护的要求采取科学的保护措施。对现存的古代水利工程设施，应进行保护修缮，将其整体环境提升为特色景点或景区。对已经消失的或成为遗迹点的水工设施，宜进行活化利用，通过水利文化博物馆或数字化信息化等现代化手段模拟再现。文化展示手法尽量多元化，如直接展示、遗址展示、覆罩展示、标志展示、模拟展示和虚拟展示等，但要避免各种堆砌，注重水利工程文化的体验性、参与性和科普性。

（5）打造智慧互动的水利工程设施

通过引入智慧水务、智慧城市、智慧活动设施等举措，对河道、水库、山塘、湖泊等防洪控制断面设置水位、流量监测等智慧设施；对堤防、水闸、堰坝等水利工程设置一般性智慧安全监测、远程操控设施；对水位流量监测点、管理房、水闸、泵站、堰坝、险工险段等河湖重要位置，布设必要的视频监控设施等，建设智慧水利工程，营造智慧水利工程环境。

结合数字科技产业，在人流多和城乡接合部的河道、湖泊等水利工程地段，增加互动智慧服务设施，让水利工程智慧景观融入智慧导览系统、智慧环卫、无感停车、智慧零售、智慧跑道、智能传感互动等综合服务设施中，让科技与水环境进行关联互动，展现水利工程环境的智慧美。

2 水利工程环境设计现状

目前，水利工程设计比较注重自身的功能，建（构）筑物外观形式单一，造型过于简单、呆板，配套设施缺乏，普遍忽视环境营造和品质提升，导致水利工程环境存在前瞻性欠缺、生态关注不够、公众参与度不高、品质欠优等问题。

2.1 水库、山塘

（1）大坝外观简单，水利之美尚待挖掘

目前，大部分水库、山塘等大坝水利工程整体以满足防洪为设计目标，规划布局杂乱无章，外观比较简单，由于种种原因未能很好地挖掘其蕴含的水利之美，造型较为简单，大坝栏杆、照明、观景台等配套设施较为简陋，整体环境未进行景观化设计（图2.1）。

（2）水工建（构）筑物风貌不佳

水库、山塘等水工建（构）筑物普遍风貌不佳，风格较为单一，没有体现本土区域特色和文化风貌，管理用房以黑瓦斜坡顶、白墙等为主要样式，建筑周边环境缺乏景观特色（图2.2）。

（3）缺少景观服务配套设施

水库、山塘等普遍缺少景观及配套设施，较难满足百姓亲水、观景游憩等需求。设施形态较为单一，缺少智能化与互动性设计，水库、山塘等坝后区域利用率不高（图2.3）。

图2.1 大坝外观

图2.2　水工建(构)筑物

图2.3　水库、山塘景观及环境

(4)植被层次较为单一，缺少规划

水库、山塘等水利工程植被基本上以原生植被为基础，但部分区域存在水土流失现象，植被遭到破坏。植物种类较为单一，缺少季相规划和层次规划，景观欠缺；对库区消落带考虑不足，枯水期景观风貌不佳(图2.4)。

图2.4　水库、山塘绿化环境

2.2 湖 泊

（1）滨水空间未合理利用，景观开发程度低

一般情况下，湖泊的整体景观风貌较好，但滨水空间的景观资源未能得到合理利用。水系和绿地之间缺少景观衔接；相关景观服务设施样式单一，未能与地域文化特色结合（图2.5）。

（2）驳岸堤塘缺乏景观性

湖泊驳岸堤塘一般以自然式为主，但有些湖区存在大段硬质驳岸，不利于湖泊的生态性和景观亲水性。有些驳岸堤塘自然风貌良好，但未能进行合理的景观开发利用，水系和绿地之间缺少景观衔接（图2.6）。

（3）绿道的景观及服务设施风貌不佳

有些绿道整修不善与整体环境风貌不符，亟须进行景观化提升。有些景观及服务设施基础建设虽较为完善，但缺少与当地文化底蕴的结合，与湖泊整体风貌结合不足。有些湖区缺少休息、服务设施，人性化设计较为欠缺。同时景观同质化严重，缺乏地域人文特色（图2.7）。

图2.5 湖泊岸线环境

图2.6 湖泊驳岸堤塘景观环境

（4）植被较为单一，缺乏层次季相变化

湖泊植被大多数以原生植物为基底，整体保存完好。但有些湖区植被遭到破坏，不利于植物景观的营造和湖区环境保护。植物景观较为单一，护岸缺少绿化植物层次，未充分考虑植物季相景观（图2.8）。

图2.7　湖泊沿岸景观及服务设施

图2.8　湖泊沿岸绿化

2.3　河　道

（1）河道景观同质化，缺乏区域特色

大多数河道岸线整体景观风貌较好，但由于历史原因，水系和绿地之间往往缺少衔接。同时，景观存在同质化现象，缺乏地域人文特色；滨水空间是良好的资源界面，但很多地方未进行合理开发，过低的利用率导致景观资源被浪费（图2.9）。

图2.9　河道沿岸景观

（2）部分河道水质较差，驳岸生态性不佳

乡村河道上游段、湿地段等自然片区内多以生态岸线为主，两边多为未开发用地、农田、湖泊等，自然景观条件较好。城乡接合部的河道多数修筑堤防，且以直立式挡墙及浆砌块石挡墙为主。部分河段水质较差，存在生态服务功能缺失、不同程度的污染威胁等问题。有些地方存在河道渠化现象，河道形态、结构均质性使河道生物多样性消失，进一步破坏了水域环境影响水质，不利于美丽乡村的风貌建设（图 2.10）。

（3）绿道形式单一，景观及服务设施不足

河道的绿道形式较为单一，配套设施不足，部分绿道难以满足居民、游客休闲游憩需求，同时缺少与当地文化的结合，与周边整体风貌结合不足。部分地区河道景观服务设施布置与周边城镇设施不协调，不利于河道景观的整体风貌营造，难以满足居民、游客等不同人群的使用需求（图 2.11）。

图 2.10　河道驳岸

图 2.11　河道绿道景观及服务设施

(4)植物景观单一，与整体风貌不符

乡村地区河道植被一般以原生植物为基底，较为原始，植物景观较为单一，护岸缺少绿化植物层次，未充分考虑植物季相景观；一些地区选用城市园林树种和景观营造方式，存在过于城市化倾向，失去了乡村韵味(图2.12)。

图2.12 河道沿岸绿化环境

2.4 水工建（构）筑物

(1)泵闸站外观较为陈旧，风貌不佳

由于历史原因，目前多数水闸、泵站等水利工程结构形式较为固化、陈旧，同时缺乏地方文化特色；泵闸站外观样式和材料缺乏系统性，与周边场地环境不协调；泵闸站建筑主体的周边环境往往缺少植物景观营造，不能与周边环境较好融合；泵闸站与周边游步道和绿地的衔接不够，更未能充分利用水闸、泵站进行水利知识方面的科普宣传(图2.13)。

(2)堰坝形态单一，生态性、景观性不佳

目前，堰坝有干砌块石硬壳堰、浆砌块石堰、混凝土堰、橡胶堰等多种类型，现状设计主要考虑灌溉、供水、景观等基本功能，未充分考虑河道生态环境要求，以及堰坝本身的景观效果、人文需求，生态友好性及景观效果明显不足。堰坝总体上平面形态较为生

图2.13 泵闸站外观

硬,景观效果不佳,内涵贫乏(图2.14)。

(3)周边道路形式较为单一

道路形式、材质普遍较为单一,有些道路维护不善,路面存在破损,外观风貌与周边环境不协调。同时缺少相应的景观及配套设施,难以满足居民、游客休闲游憩等需求(图2.15)。

(4)植被缺少层次设计

泵闸站周边植被一般以原生植物为基底,整体保存虽好,但较为单一和原始,缺少景观规划设计,不利于形成整体风貌。护岸缺少绿化植物层次,未能充分考虑植物季相景观。有些区域植被遭到破坏,不利于水工建(构)筑物整体风貌的营造和周边生态环境保护(图2.16)。

图 2.14 堰坝

图 2.15 泵闸站周边道路

图 2.16 泵闸站周边绿化环境

3 水利工程环境设计内容

本章主要围绕乡村水利工程环境设计的范围、用地、目标、要点、禁止性要求等内容，通过科学设计、环境融合、文化传承、公众参与等设计指引，注重水利工程与生态环境的和谐共存，确保水利工程既能发挥其功能，又兼顾公众参与和利益共享，美化环境，凸显地方特色，提升乡村整体品质，促进地方社会经济协调发展。

3.1 水库、山塘

3.1.1 管理范围

水库、山塘的管理范围一般包括大坝、输水道、溢洪道、电站厂房、开关站、输变电站、船闸、码头、渔道、输水渠道、供水设施、水文站观测设施、专用通信及交通设施等各类建(构)筑物周围和水库土地征用线以内的库区。水库、山塘的管理范围应符合以下规定：

①大型水库大坝的管理范围为大坝两端以外不少于100m的地带(或者以山头、岗地脊线为界)，以及大坝背水坡脚以外100~300m的地带。

②中型水库大坝的管理范围为大坝两端以外不少于80m的地带(或者以山头、岗地脊线为界)，以及大坝背水坡脚以外80~200m的地带。

③小型水库大坝的管理范围为大坝两端以外不少于50m的地带(或者以山头、岗地脊线为界)，以及大坝背水坡脚以外50~100m的地带。

④水库库区的管理范围为校核洪水位或者库区移民线以下的地带。

3.1.2 保护范围

①大型水库大坝的保护范围为管理范围以外50~100m的地带。

②中型水库大坝的保护范围为管理范围以外30~80m的地带。

③小型水库大坝的保护范围为管理范围以外 20~50m 的地带。

④水库库区的保护范围为管理范围以外 50~100m 的地带。

3.1.3 用地性质

水库、山塘所在地原来用地性质为农田、林地、园地等的，保留其原有用地性质不变；在工程建设范围内，除了进行水利工程建设以及必需的休闲开发部分之外，其余不得做与水利工程无关的其他任何建设。

3.1.4 分类标准

（1）生态保护型水库、山塘

饮用水源级别：一级、二级水源或非饮用水源。

周边开发利用条件：周边开发强度小，与城市、县域中心、国家级景观距离 2000m 以上，交通可达性较差；周边旅游开发成熟度低；基础服务设施欠缺。

风景资源：以自然资源为主。

（2）休闲游憩型水库、山塘

饮用水源级别：二级或非饮用水源。

周边开发利用条件：周边开发强度大，与城市、县域中心、国家级景观距离 2000m 以内，交通可达性较强；周边旅游开发成熟度高；基础服务设施完善。

风景资源：周围植被自然资源良好，存在文化或工程等人文景观资源。

3.1.5 设计目标

（1）生态保护型水库、山塘

主要以生态保护和修复为主，结合民居现状、田园生态基础，以水源保护、生态保育为核心，美化其景观，修复水库下游河滩地的自然状态及生态功能，打造风景秀丽的生态保护型水库、山塘。

（2）休闲游憩型水库、山塘

以其使用功能为主，在不破坏自然环境、确保水质的前提下，体现水利工程之美，增强人的参与感，以防洪排涝、生态修复、景观绿化、旅游休闲为主，兼具文化创意、生态游憩、运动健身、滨水娱乐等功能，成为人们休闲娱乐的重要活动空间之一。

3.1.6 设计要点

3.1.6.1 大　坝

大坝景观包括拦水坝（含溢洪道）、溢流坝顶附近的建（构）筑物、溢洪槽、溢洪道的消能段、进水口、出水口、栏杆、照明设备、阶梯、开挖边坡、控制室、观望台等，是众多景观元素的集合体。各景观元素既独立，又互相作用、互相影响，形成复杂的景观体系。设计的原则是适用、安全、经济、美观。

（1）生态保护型水库大坝

①大型拦河坝。坝顶的景观塑造可从3个方面入手——入口、门机、栏杆。入口可借鉴大型桥梁美学设计形式，或以雕塑的方式对坝顶游憩进行开门见山的点题，引人入胜。门机作为拦河坝构造的组成部分，形象突出，可结合色彩作为坝体视觉上的亮点，为冗长的线性坝顶形态带来视觉活力。最好能融入本地文化元素，设计成为有当地特色的坝顶景观建（构）筑物，并结合竖向观景点的设置，丰富坝顶的竖向观赏层次。栏杆是大坝游览的安全围护设施，在设计时应与坝体整体景观相协调，并增添美化细节与人性化要素。坝肩及进水口等枢纽建（构）筑物可采用边坡绿化的形式，在边坡构筑种植空间中，可采用植被混凝土、厚质基材喷射等措施进行美化。坝体下游坡面绿化宜采用框格梁、横向马道等方式种植槽覆绿，框格梁内覆土厚度不宜小于40cm，种植槽内覆土厚度不宜小于60cm，植物应选择易养护、易成活的浅根系当地植物。

②小型溢流坝。低水头的小型溢流坝，具有较强的景观塑造价值。从结构创新的角度出发，小型水坝可以从立面以及消能处理上进行创造性的设计，通过立面形式的塑造以及材质选择方面展开，如天然石材就是一个比较适宜的选择，可以丰富跌水效果。水头较高的溢流坝常拥有消能构造，消能设施通常以结构消能为主，其从安全与功能目的出发，也是一种水景塑造的方式。在条件允许的情况下对消能设施进行艺术化设计，结合自然置石、片石的辅助或设计形态等方法加以处理，从而增强水坝呈现的动水景观效果。

③消解落差的水坝。对主要以减缓河水流速以达到缓洪作用而设置的水坝，此类落差工程可设计采用天然石材形成跌落式的溪流景观，不仅从景观的角度营造出自然野趣的形态，也有利于增加水域中氧的含量、改善水生态环境，还能使中断的鱼类的洄游通道得以恢复。

（2）休闲游憩型水库大坝

①大型拦河坝。一是科普引入。对地方发展具有重大意义的大型拦河坝所形成的水利枢纽工程，可以挖掘多层次的科普宣教形式与内容，满足人们游览过程中对知识获取的需求，对提升水利工程的科普价值具有现实的教育意义。常见的形式有水利工程的主题博览馆，可结合水坝自身进行的深层次的科普宣教，也可设置展示牌，或将相关信息以景观装饰的方式，融入铺装、围护设施、门机等设施之中。二是游憩功能优化。坝顶是视线条件绝佳的观景平台，但受工程的限制，路径往往狭长、单调，动辄上百米的堤顶，宽度也往往单一。大坝的中心点往往位于河道中线上，不仅是观景的最佳视点，而且可吸引游览者的注意力，缓解长距离步行的枯燥感。中心点可设置景观廊架、地标等，如果条件允许亦可通过设计中心挑台放大节点的办法，设置眺望平台。三是夜景灯光设计。对于拱坝来说，整体性的立面是一块天然的灯光投射幕布，可以进行纯美学或带有地方特色的灯光投射。

②小型溢流坝。一般来说，小型水坝常常也有坝顶交通的设置，通常以桥、水上汀步

的形式出现，需要加入人性化设计，提供安全、舒适的亲水活动与交通载体，坝顶汀步的设计形式要使交通功能与戏水活动紧密结合。

③消解落差的水坝。对于休闲游憩型水库中消解落差的水坝，其景观设计可以在生态保护型水库水坝设计的基础上，适当增加如栈桥、汀步、休憩平台等设施，满足游客与水之间的互动需求。

3.1.6.2　水工建(构)筑物

水工建(构)筑物外部形态既要着重考虑其审美性，又要满足其功能性的需求，突出水库主题，实现水工建(构)筑物功能与审美、内在与外表、水体与建筑等完美融合与统一。

(1)生态保护型水库水工建(构)筑物

①精心设计水利建筑单体。生态保护型水库中的水工建筑单体风格以温文尔雅、简洁大方为主，注重历史韵味，根据当地人文习俗和风景环境进行精心设计。造型上可以重点突出建筑形体，如采用多种形式的组合，大面积实墙面、局部玻璃幕墙、弧形入口雨篷等；重视建筑主入口的设计，充分考虑建筑处理及构图的重要部位，形成强烈的虚实对比和凹凸变化。立面上可以采用竖向分隔，避免出现整体比例较为扁长的现象，适当强调虚与实、色彩与材料、光与影的对比，保证建筑色调的明快清雅。例如，以湖蓝色弧形封檐铝塑板做点缀，以米白色小方块立体面砖为主调，配以浅绿色玻璃及墨绿色窗框，使得建筑与环境更为呼应。

②精致布置和设计附属设施。重力坝的机房一般集中在坝顶，其外形(尤其是采用中式古典建筑风格时)切忌繁杂，应尽量利用机房门高矮不一的特点，使坝顶建筑轮廓显得错落有致，富于节奏感又不失均衡感。土石坝的机房较为分散，可利用的余地较大。一般泄洪隧洞和取水口机房均伸入库内，如果配以造型优美的引桥、设计颇具本土文化特色的长廊接至机房，或在坝头修建广场，既可吸引了人们的注意力，也使大坝的线型不显枯燥。坝后的水电站厂房等由于受其功能限制，外形无法做过多变化，但可利用其众多的窗户和梁柱对其较平板的外貌加以分割和装饰，在线条和色彩上还应与其他建筑相呼应。

(2)休闲游憩型水库水工建(构)筑物

①重视色彩设计。以往的水工建(构)筑物常常忽略色彩的设计，拦水大坝、溢洪道、明渠、各种闸房等常常都是水泥色居多。如果能够根据各单体建筑的功能和它所处位置，合理使用色彩，可以改变水工建(构)筑物单调、沉闷、枯燥的不良感觉。

②注重建筑夜景设计。处于景观轴线上的重要景点，或视觉控制点枢纽，应采用突出建筑夜景的整体效果，对夜景进行专题设计，做到在不同时间段、季节、节假日等，呈现富有变化的建筑夜景。

③打造智能化设施。在水工建(构)筑物中，适当融入科技元素，烘托现代氛围。管理房可增加建设智慧水务等检测、预报预警设施，强化水质动态监测、险情预警等功能，展示现代化设施建设，凸显数字化和信息化、管理网络化、模型系统化、控制自动化、分析数字化、预警动态化等智能化内涵，使其所承载的科技信息愈加丰富而多元。

④游憩设施。水库中的水工建(构)筑物大多设置在水边，和水体形成了标高不一、多种高差关系的亲水空间，由此可结合地形营造大量的亲水活动场地，如堤防、护岸等重要的户外公共空间载体，塑造不同类型的亲水活动场地，满足人们的滨水活动需求。

⑤地域文化展现与科普宣教。水工建(构)筑物是传承地方文化的载体，包含着该流域内的历史文化、民俗风情、故乡情怀等方面的文化信息。水工建(构)筑物应通过自身造型、建筑语言等的表达，来进一步弘扬地方文化，赓续历史文脉，还可以运用一些元素来宣传环境保护和提升游客水忧患的意识。

3.1.6.3 道 路

水库道路一般包括环库路、游步道、栈道等。水库的道路设计首先应具有良好的游览线路规划，通过陆路和水路游览线，构成游览景观环路。陆路的游览规划应当成为连接景区各个主要景点的纽带，若允许建设水路游线，布局应充分与水路游线紧密衔接，以形成完整的景区道路网络结构，使景区的各个景观相互连接，构成游览整体。

(1)生态保护型水库道路

①环库路。环库路一般是库区主干道路，主要起到沟通各个功能区、串联主要景点的作用，可采用透水混凝土或当地石材铺设，兼游览主干道路。宽度可设 4.5m，采用单向横坡，坡度均为 1.0%，纵坡坡度为 0.3%~15%。鉴于生态性和经济性，采用灰绿色透水沥青路面和花岗岩侧石收边，道路较陡一侧应设置挡墙和排水沟，以避免山体汇水对路面的冲刷。如果通过在山脊上挖方降坡的方式，减少道路转折上下坡的长度，挖方边坡宜采用坡度比 1∶1 放坡，并根据开挖高度设置挡墙，大于 3m 的挖方路段宜设置路堑墙。

②游步道。生态保护型水库中的游步道宜保持与水流方向并行的关系，但离水面的空间距离应根据地形、植被、景观等实际情况，有进有退、忽进忽远，让游客在曲径通幽中观赏若隐若现的水面，选择在视觉开阔、有视线景观轴线等环境条件较好的位置，设置观景平台、汀步等亲水设施，营造重要景观节点，让游客放慢脚步，欣赏美景，拍照留念，回味无穷。

③栈道。生态保护型水库可以在周边山林区域设计为悬挑式及立柱式的栈桥等不同类型的栈道，以满足游客的游赏需求。当地形坡度比大于 1∶1.25 时，宜采用栈桥式栈道，纵坡坡度小于 4%；当地形坡度比小于 1∶1.25 时，宜采用悬挑式栈道，纵坡坡度小于 8%。

(2)休闲游憩型水库道路

①环库路。在休闲游憩型水库的环库路规划设计时，要凸显休闲游憩功能，路面尽量选择铺装型材料，铺装的图案更要注重对路面材料组合、材料自身纹理等方面的分析与设计，以此体现地域特色、自然融合和人文情怀。例如，以方砖、青砖、花岗岩等铺装材料为主的铺装，以及采用生态透水砖、彩色透水混凝土、景观砂石等透水性材料的铺装，采取"工"字形、错位铺等铺装构图形式，组合成简单的几何图形。同时注重人们行走的舒适度，做好道路防滑措施，营造有品质的休闲游憩环境。

②游步道。水库中的游步道大体有一定坡度，游步道的路面铺装更要体现视觉美观性，应选择耐磨、防滑材质，兼具艺术性和生态性。主要选用石板路面、石板碎拼路面、透水砖路面及木栈道路面等。同一区域的步道材质和形式大体一致，保证游步道景观铺地的整体性。

③栈道。休闲游憩型水库的库岸区域以及周边山林区域，可结合地形需要采用架空木栈道，从而为游客提供更多的亲水体验需求。栈道的材质应与自然环境相吻合，其底部采用混凝土立柱，需要设置台阶时，踏步的踢面宜留出间隙，确保底层植物的存活，最大限度地保护水库自然生态景观。

3.1.6.4 景观及服务设施

（1）生态保护型水库景观及服务设施

①景观小品。在设计内容和形式上务必融入水库自然环境，将生态性观念融入小品材料中，展现其生态特性。设计时可融入本土人文历史，体现当地的人文特色，由此达到传播文化的目标。

②照明设施。以功能性照明为主，总体风格简洁大方，材质、造型、色彩等要与周边自然环境要素融为一体。

③休息设施。座椅的设置应以满足人体工程学为目标，同时条件允许的前提下，尽量提供遮阳措施。

④围护设施。要符合《公园设计规范》（GB 51192—2016）有关安全性的要求，也要符合人体工程学有关舒适性等人性化设计要求。

⑤环卫设施。要选择对垃圾桶表面的纹理进行景观处理，如在表面雕刻一些有传统意义的花纹等。

⑥标志设施。标志牌的内容应切合水库主体风格，材料上应选择石材、木质材料或仿石材、仿木质材料等生态型材质，可结合当地的文化特色、风俗民情等在石材上采用雕刻等形式，将人文元素融入自然中。

（2）休闲游憩型水库景观及服务设施

①景观小品。在满足功能性的基础上力求多元化，可通过色彩和造型进行丰富，使其既能成为远处视觉的焦点，又能使游人近距离接触，增强互动性、参与性、科普性。

②照明设施。在满足功能性照明的基础上，可选择坝体和水文观测站等水利建筑进行夜景亮点的重点营造。例如，对建筑一层墙面设置壁灯等进行点缀处理、顶层檐口设置大功率LED线性投光灯洗墙，勾勒出优美的建筑立体线条。

③休息设施。将传统文化元素融入休息设施，以此来烘托库区环境，选取和自然融合的石材和木材，把地域特色的文化元素和座椅的功能紧密结合，但要展示自然特色，不宜做过多的装饰性雕刻。

④围护设施。栏杆的材质可选择具有本土特色的石材、茅草等乡土材料。造型设计宜融入本地文化元素。

⑤环卫设施。环卫设施可以在保证功能性的基础上增加色彩、纹饰等文化内涵。

⑥标志设施。结合水库功能结构，将水利科普内容作为一种设计元素融入标志牌等的景观设计中。

3.1.6.5 植 被

（1）生态保护型水库植被

①消落区的植被设计。对于植被状况不佳的消落区主要进行生态系统恢复，通过灌木、草本等植物的培育，逐渐恢复消落带生态系统。消落带环境周期性变化且变化频次较高，植被修复需选用适应性较强的物种，即耐淹、耐旱等植物的搭配。

植物品种选择具体建议如下：乔木——南川柳、中山杉、池杉、落羽杉、垂柳、乌桕等；灌木——盐肤木、水蜡等；地被及草本植物——芒草、荻、蓼子草、狗牙根、芦苇、狼尾草、粉黛乱子草、卡尔拂子茅、蒲苇、芦竹、萎蒿等。

②水岸边的植被设计。库岸植物以简洁生态为设计特色，结合道路方案适当增加观赏性花卉草木的种植，形成自然野趣的植物特色。通过植物软化硬质水岸，种植具有季节性变化的植物，以乔灌地被形成丰富的植物群落，丰富植物多样性，改善现状生态性差的情况，达到生态修复的目标。

植物品种选择具体建议如下：乔木——香樟、中山杉、垂柳、杜英、乐昌含笑、无患子、枫香、枫杨等；灌木——紫薇、小蜡、四季桂、构骨、映山红、石楠等；地被——再力花、芦苇、细叶芒、狼尾草、旱伞草、香蒲、萱草、蒲公英等。

③周边山林区植被设计。若周边山林区植被生长状态良好，则根据库区气候、土壤及林地条件，以原有常绿疏林为基调，优先选用观花、观叶、观果等有观赏价值的乡土适生树种，香化、彩化、美化山林，形成错落有致的复合季相林景观。

植物品种选择具体建议如下：乔木——枫香、乌桕、银杏、香樟、鹅掌楸、榉树、栾树、垂柳、红枫、无患子等；灌木——赤楠、秃瓣杜英、冬青、石楠、映山红等；地被——萱草、石蒜、狼尾草、麦冬、沿阶草、肾蕨等。

（2）休闲游憩型水库植被

①消落区植被设计。恢复水库下游河滩地的自然状态及生态功能，通过人工措施退田还地、稳定滩地、修复受损河滩，提升水体自净能力。可结合湿地布置景观制高点，观赏水库及周边环境；通过栽植水生植物、鸟类招引与生物投放，形成生态自然的湿地野趣环境。

植物品种选择具体建议如下：乔木——构树、枫杨、池杉、水杉、南川柳、苦楝、垂柳、香椿、中山杉、落羽杉、乌桕等；灌木——狼尾草、白茅、狗牙根、芒草、荻、芦苇、画眉草、蒲苇、芦竹、萎蒿等；地被——再力花、香蒲、水葱、千屈菜、雨久花、梭鱼草、黄菖蒲、旱伞草、木贼、灯芯草、席草、水芹、菰等。

②水岸边的植被设计。以整洁有序的植物配置，勾勒出大气、流畅的水域线条，塑造出自然的库岸景观环境；适当选用开花及色彩艳丽的品种，增强视觉感染力，也可适当配置缤纷艳丽的花带，丰富视觉景观效果。同时，以疏朗的乔木、地被等营造简洁明快的活

动空间，重要节点适当增加植物层次，营造生态丰富的组合型景观。

植物品种选择具体建议如下：乔木——香樟、湿地松、落羽杉、三角枫、银杏、乌桕、旱柳、杜英、池杉等；灌木——构骨、映山红、女贞、石楠、小蜡等；地被——旱伞草、灯芯草、菖蒲、荻、石菖蒲、波斯菊、蒲公英、狼尾草、石蒜等。

③周边山林区植被设计。周边山林区植被设计宜以自然葱郁为基调。对于色彩单一的常绿树木，可移除长势较差的植物，对密林进行抽疏，补植色叶及观花等树种，营造色彩斑斓的山林四季景象，赋予景观动态变化。在道路沿线种植有特色及观赏效果较好的上层乔木，同时丰富中下层植物，为游人提供养生保健的优美自然环境。

植物品种选择具体建议如下：乔木——香樟、杜英、深山含笑、三角枫、银杏、枫香、榉树、朴树、无患子、黄山栾树、乐昌含笑等；灌木——桂花、冬青、栀子、赤楠、海桐、檵木等；地被——石菖蒲、吉祥草、肾蕨、麦冬、沿阶草、虎耳草等。

3.1.7　禁止性要求

(1)生态保护型水库、山塘

①大坝。大坝外观造型切勿突兀、与环境氛围格格不入，从而产生不协调感；附属设备切勿过于显眼，机械类的复杂构造部分不能置于突出位置；坝肩和坝体下游禁止裸露。

②水工建(构)筑物。水工建(构)筑物色彩、造型等切勿单一呆板、枯燥无趣；机房外形(尤其是采用中式古典建筑风格时)切忌繁杂。

③水库道路。道路系统禁止多功能混为一体，应按不同交通功能加以分类和组织；路线设置禁止整齐划一、一览无遗，禁止随意破坏地形地貌，损害最美和最具有生态价值的区域。

④景观及服务设施。设施的风格切勿标新立异、对环境造成破坏；切勿使用寿命短、成本高、难以养护的材料。

⑤植被。禁止使用不适于本地区生长的植被；林相设计切勿单一、劣质；禁止选用有毒、有刺激性气味等植物。

(2)休闲游憩型水库、山塘

①大坝。设计禁止过度偏向结构安全和运行效果，全然不考虑环境景观的整体感和连续性；附属设备切忌布置不当，从而造成整体视觉景观上的杂乱无章；混凝土表面禁止视觉污染，损坏外观。

②水工建(构)筑物。禁止过于追求造型独特而忽略功能要求；外形切勿华而不实，禁止浪费能耗。

③水库道路。路线禁止杂乱，要确保道路本身的流畅、自然及路面的质量；车行道不宜过宽，主干道路的宽度一般为1~2个车道；道路设计重视对景、借景，切勿影响所经地区的视觉观赏效果。

④景观及服务设施。景观及服务设施禁止存在安全隐患，禁止污染环境；设施布局切勿散乱无序、不合理，不能舍弃人性化的服务。

⑤植被。树种的选择切勿忽略当地的气候、土壤、地貌、环境等因素；植被设计切勿忽略整体与局部、远期与近期的关系；禁止在同一区域内选用相克植物；禁止使用对游客安全、身心健康等有伤害、有刺激、有毒等不良影响的植物。

3.2 湖 泊

3.2.1 管理范围

①无堤防湖泊。湖泊迎水侧顶边线外延 7m 一般为管理范围。

②有堤防湖泊。参照有堤防河道有关规定对有堤防湖泊管理范围进行划定，一级堤防为背水坡脚外 30m 的地带，二级堤防为背水坡脚外 20m 的地带，三级堤防为背水坡脚外 15m 的地带，四级堤防为背水坡脚外 10m 的地带，五级堤防为背水坡脚外 5m 的地带。

3.2.2 保护范围

①无堤防湖泊的管理范围外延 5m 一般为保护范围。

②有堤防湖泊的管理范围外延 5m 一般为保护范围。

3.2.3 用地性质

原来用地性质是农田、林地、园地等的都可以保留，除了水利工程建设以及必须要做的休闲开发部分外，其他不得做与水利工程无关的建设。

3.2.4 分类标准

(1)开发型湖泊

成湖原因：人工挖掘/自然洼地积水。

区域敏感性：敏感性低，对外干扰具有一定适应与调节能力。

周边用地特点：乡镇、城区中人流聚集度高、开发程度比较高的核心发展区域。

(2)生态湿地型湖泊

成湖原因：自然形成，由土壤沼泽化而来。

区域敏感性：敏感性高，受破坏后难以短时间内恢复。

周边用地特点：人流聚集度低、开发程度低的乡村自然风景区域。

湖泊划界示意如图 3.1 所示。

3.2.5 设计目标

(1)开发型湖泊

以打造功能齐全、体验舒适、绿色健康、活力创新的开发型湖泊为设计目标，结合湖

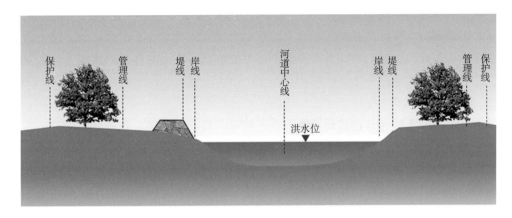

图3.1 湖泊划界示意图

泊所在区域不同的外观风貌和社会环境，系统建设慢行体系、智慧导览体系、历史文化体系、植物风貌体系等内容，为周边居民和游客提供休闲散步、观景游玩的良好场所。

（2）湿地保护型湖泊

以保护湖泊自然生态为设计目标，在此基础上进行景观美化和适当景观服务设施建设。保持湖泊的自然状态，保护湖泊两侧自然植被，恢复其生态功能，修复受损河滩岸线，提升水体自净能力，打造"景美水清"的湿地保护型湖泊。

3.2.6 设计要点

3.2.6.1 驳 岸

驳岸是为保护水岸或边坡稳定而沿其边坡自然或人工修筑的土石砌筑物，起到稳定土石边坡的作用。

（1）直墙式驳岸

直墙式驳岸的类型有步道式硬岸、平台式硬岸、码头式硬岸等，一般采用人工石砌或砖砌，对驳岸进行刚性化、表面硬质化处理，会对地基基础要求较高，且造价相对较高。直墙式驳岸对河湖自然的河滩水岸改造较大，驳岸土壤与水体交换不充分，会对河湖原有驳岸生态系统造成影响。但其好处是保证坡岸的稳固性，并可以节约空间，满足建设景观服务设施等功能性的需要。

适用区域：鉴于直墙式驳岸的特点，一般不建议全线采用。该类型驳岸断面适用于受地形自然条件限制，两侧绿地可开发空间较小，用地相对紧张，岸线无法外扩，但又需要足够的空间来进行步道、平台等景观服务设施建设的地段。

①步道式硬岸。多采用垂直的人工石砌或砖砌驳岸，岸顶配合修建滨水慢行系统和配套景观服务设施，为市民游客提供日常休闲锻炼游憩的场所。

②平台式硬岸。多采用垂直的人工石砌或砖砌驳岸，岸顶对周边用地进行适当扩展，节点放大形成广场平台，为市民游客提供较为开敞的空间，同时与绿道等进行衔接，形成

空间景观序列变化的岸线景观。

③码头式硬岸。在垂直驳岸的基础上外挑出木质码头，架空于水面之上。该类型占用岸上土地面积少且弥补了直墙式驳岸亲水性不足的缺点，可让游客亲近水体，开展相应的活动，并具有停船、垂钓等丰富使用功能。

（2）斜坡式驳岸

斜坡式驳岸的类型有湿地式硬岸、石头式软岸、植栽式软岸、步道式软岸等，其断面一般采用天然土坡，造价较低。草皮缓坡依据河岸的表面起伏，顺其曲而曲，随其转而转，保持河道自然的河滩河岸，保留河道本身自然朴实的面貌。驳岸土壤与水体充分交换，生物、水体、堤体共存，生态环境好，但由于放坡和断面等需要满足行洪的要求，所以一般占地面积较大。

适用区域：斜坡式驳岸一般适用于流速较慢，岸侧用地宽裕，驳岸自然景观和生态条件优良，对生态景观要求高且与周边自然风貌比较契合的平原河湖的区域。

①湿地式硬岸。选址于湿地河湖区域，滨水利用丰富的原生水生植物种植带，构建自然湿地植物景观效果，湿地中可设置木栈道供游客穿行赏景，加强亲水性。

②石头式软岸。采用石块自然堆砌入水，石块上用植物种植带稳固水土，同时保障生态性和景观效果。

③植栽式软岸。采用自然的草坡入水，随河道走势自然延伸，保持其原有自然风光。

④步道式软岸。采用草坡入水，在岸底可利用松木桩等进行加固，防止水流冲蚀，具有一定的通透性，有利于保护驳岸生态系统，同时在水岸设置慢行游步小道，为游客提供休闲锻炼场所。

（3）直斜复合式驳岸

直斜复合式驳岸的类型有阶梯式硬岸、台地式软岸、石头式软岸、叠水式驳岸等，其综合了直墙式和斜坡式的优点，可以兼顾占地面积、亲水性及生态功能，亲水性较好，可结合景观打造滨水景观带，满足城市建设开发、居民休闲、游憩、旅游等多功能的需要，造价相对适中。

适用区域：直斜复合式驳岸的断面适用于用地相对宽裕，两侧绿地可供开发的空间较大，周边多为居住区或商业地块。

①阶梯式硬岸。采用双层岸线。下层是垂直的人工石砌或砖砌驳岸，台阶直接入水。上层堤顶修建滨水游步道，配合广场平台等景观服务设施，并进行斜坡绿化。

②台地式软岸。采用层级绿化入水，每一层级上可作为绿化槽或草皮、休闲平台等，兼顾生态和使用功能需求，同时保障阶梯防洪功能。

③石头式软岸。采用双层驳岸，坡脚石块入水，石块上若有步行小道，也延伸作为垂钓平台。斜坡坡顶可作为自行车道或游览慢行道。

④叠水式驳岸。较为少见，可在特殊景观需求处构建人工叠水、山水园林景观，兼具驳岸、排水和景观等多种功能。

3.2.6.2　堤　塘

湖泊的堤塘指有湖泊中或两岸用以阻隔水体、划分空间的堤坝。

（1）硬质堤塘

硬质堤塘一般采用人工石砌或砖砌，对堤岸进行刚性化、表面硬质化处理，会对地基基础要求较高，且造价相对较高。其有堤岸稳定、安全，体现人文特色的优点，但缺点是较为僵硬呆板、不自然，且对岸上与水体间物质交换产生阻碍，不利于自然生态。

适用区域：城市地区的开发型湖泊，以现代风貌为主；或体现历史文化的特色小镇河湖区段，以及部分有防洪排涝需求的河道。湖泊周边服务设施丰富、人流聚集度高。

（2）软质堤塘

软质堤塘一般采用天然土坡，造价较低，草皮缓坡随湖泊自然岸线延伸，形态自然和谐，造价相对较低，但不够稳定，可采用松木桩、抛石等方法予以加固。软质堤塘以体现自然风貌为主，有利于保护湖泊水岸生态系统。

适用区域：乡村、郊野地区的湖泊，以体现田园风光和自然野趣为主，湖泊周边自然景观资源丰富，生态良好。

3.2.6.3　绿　道

滨水绿道是指河湖两岸供市民游客进行漫步、骑行等休闲、游览、锻炼等活动的特殊道路，与周边城市道路要有所分隔，其类型有步行道、自行车道、跑步道、电瓶车道及其多种功能组合的综合性道路。

（1）防腐木栈道

防腐木栈道具有防腐蚀、防潮、防虫蚁、防霉变以及防水等特性，能够直接接触土壤及潮湿环境。可采用架空结构，横向排列主要用于滨水步道，部分可进行竖向排列用于骑行道。

适用区域：乡村地区自然生态型的河湖；周边多文物古建，以展现历史文化为主题的河湖。

（2）彩色透水混凝土步道

透水混凝土又称多孔混凝土、无砂混凝土、透水地坪，具有透气、透水和质量轻，以及缓解地表径流压力、改善小环境、减少噪声、易清扫、方便维护等优点。其可赋予其不同的颜色，增加步道美观性。主要用于慢跑步道、自行车道和电瓶车道等综合性绿道。

适用区域：城市地区休闲游憩型的河湖；周边环境风貌较为现代，以构建整体绿道体系，满足市民休闲锻炼的河湖；周边植物色彩、季相丰富的河湖。

（3）彩色塑胶步道

彩色塑胶步道具有平整度好、抗压强度高、硬度弹性适当、物理性能稳定的特性，具有一定的弹性和色彩，具有一定的抗紫外线能力和耐老化力，但其仅能用于游人行走慢跑，不可用于骑行道和电瓶车道，且成本较高，不宜大面积使用。

适用区域：周边环境风貌较为现代的城市休闲游憩型的河湖。

（4）石板步道

步道用青石板石材铺装后的特点是古朴自然，特别具有中国古典之美，给人一种自然复古的感觉。优点在于其质地比较致密，比较容易加工成形；无辐射，健康环保；使用周期长，可靠性强；具有历史沉淀赋予的文化底蕴和较高的观赏价值。缺点是强度中等，没有大理石等石材坚硬，部分场合不适合使用；在部分地区使用过程中易产生风化或结晶等现象。

适用区域：城镇地区休闲游憩型的河湖；周边多文物古建，以展现历史文化为主题的河湖。

（5）广场砖步道

广场砖是适用于广场、步行街、园林小区等人流密集的公共场所，且功能性比较突出的砖材。广场砖是属于耐磨砖的一种，具有防滑、耐磨、修补方便等特点。可根据实际需要进行拼接，可拼贴出丰富多彩、风格迥异的图案，满足各种类型的需要。

适用区域：城市地区的休闲游憩型河湖，周边以现代城市风貌为主。

（6）特殊材料步道

①钢栈道。优点是自重小、强度高、塑型强、可预制、易加工且富有观赏性等，但缺点是造价太贵，无法大规模应用。

适用区域：城市地区休闲游憩型河湖的重点景观区域，周边以现代风貌为主。

②玻璃栈道。观赏性强，能给游客带来独特的游览体验，但具有造价贵、要求高、可靠性不强等缺点，同样无法大规模应用。

适用区域：城市地区或山林郊野休闲游憩型河湖的重点景观区域，以架空形式为主，周边自然景观视线优越，资源丰富。

3.2.6.4 景观及服务设施

（1）景观设施

景观设施的选择上可多采用传统材料和工艺，注重生态性，考虑其安全性，亲水设施应根据规范设置护栏，防止游客落水。结合本地地域文化特点，选取乡土材料，融入传统文化元素，也可结合时代精神，选取现代材料，打造智慧服务设施。

（2）服务设施

服务设施应结合村庄、城镇、景观节点等人流聚集处设置；城镇厕所设计间隔一般为500~1000m，乡村河道厕所设计间隔距离宜为2000m左右。建筑的设计要体现当地文化特色、风俗民情等。

（3）标志系统

除传统的路标、门牌、警示牌等标志标牌外，还可以结合智慧设施，打造智能导览系统，为游客提供现代化的游览体验。标志系统要结合当地地域特色、历史文化和河道本身相关文化等，制作符合其风格的形象标志，彰显河道特色文化。

（4）城市家具

城镇、乡村河道垃圾箱间隔距离一般为100~200m，垃圾箱设计宜简洁卫生，并应与所在区域景观风貌相吻合。坐凳、休憩椅等休息设施应与步道系统、景观服务设施等相结合，外观简洁大方，体现区域文化特色，为游客提供舒适的休息体验。

3.2.6.5 植　被

河湖的植被一般包括河湖水域内的水生植物、堤岛植物、滩涂植物、与驳岸相结合的岸边植物以及周边区域的植被等。

(1) 山区河湖植被生态设计

①源头修复。对于有农田集中分布源头的河段，应利用浅水区和过渡区构建水岸带湿地，对沿岸农田面源污染进行生态拦截，并对上游水质进行修复。

②河床修复。河湖中浅滩和深潭交替存在可形成水体中不同流速和生境，丰富河湖的生物多样性，同时也极大增加了河床的比表面积，使附着在河床上的生物数量大大增加，有利于增强水体的自净能力。

③水岸带植被构建。针对山溪性河道水位变化幅度较大的特点，沿岸植物配置应按水位差进行空间布局。常水位区域适于配置湿生高草带，尤其是根系发达、适应性较强、耐冲刷的挺水植物。常水位至一般洪水位区域宜灌木与草本植物相结合，岸坡位置可适当种植攀缘植物。一般洪水位至设计洪水位区域在灌木与草本植物结合的基础上，可以适当选择耐涝类的乔木、灌木、花草等，还可搭配一些乡土植物物种。设计洪水位以上区域可以采用乔木、灌木、草本等相结合的模式，丰富植物景观层次，场地条件允许的情况下，构建河岸带植物绿色景观通廊。

(2) 平原河湖植被生态设计

①河湖护岸生态修复。综合利用生态型护岸，结合浮岛、挺水、沉水等多类型水生植物种植配置，恢复自然生态的水陆过渡带，有利于修复河湖水质，提升河湖环境品质。

②河湖堤坡和堤顶修复。堤坡恢复采用生态型材料，堤顶修复需与道路绿化带相结合，形成篱笆状围合空间，同时起到过滤客水的生态效果。

③湿地生态修复。对重要湿地可采取生态补水、河湖水系连通、河湖生境形态多样性维护和修复、关键物种栖息地修复和有害生物防控、围垦湿地退还、污染排放管理、适度限制湿地范围内的生产生活的活动强度等保护与修复措施。

(3) 植物风貌设计

①休闲游憩型河道、开发型湖泊的植物风貌设计要点如下。

植物景观风貌：园林城市。

绿化要求：城市河道应保留一定宽度的岸边绿化生态带，以改善城镇河道及周边环境风貌，植物配置宜以观赏性、多样性、四季有景等为主，注重一个或多个植物主题营造，注重乔-灌-草的植物群落空间搭配、多层次景观和天际线的打造，以自然式和规则式配置为主。

②平原自然生态型河道、生态湿地型湖泊的植物风貌设计要点如下。

植物景观风貌：田园乡土。

绿化要求：不宜配置名贵树种、大草坪等，宜选择生长快、适应性强、养护成本低的本地乡土型树种，尽可能选择既有经济价值又有美化环境作用的生产性经济树种，以自然式配置为主，特别注重植物对乡村硬质驳岸的软化，注重四季林相变化，丰富乡村景观风貌。

③山区自然生态型湖泊、山区山塘的植物风貌设计要点如下。

植物景观风貌：自然郊野。

绿化要求：宜选择涵养水源、利于水土保持的乡土植物、生态林，注重四季林相变化；在单一泄洪型河道进行植物造景时，应特别注意不能影响河道行洪。

3.2.7 禁止性要求

(1)开发型湖泊

①驳岸。禁止选用与整体风貌不符的驳岸类型；禁止选用影响湖区生态的驳岸材料和类型。

②堤塘。禁止大面积填湖建房、填湖造地、填湖造园等侵占、分割水面的行为；禁止大段采用人工硬质堤塘。

③绿道。禁止选用与整体风貌不符的绿道类型。

④景观及服务设施。禁止设施、建(构)筑物、小品等设置影响湖区自然生态、防洪蓄洪等功能；禁止建设与湖区整体风貌差异过大的景观及服务设施；避免使用寿命短、成本高、不易维修养护的材料。

⑤植被。禁止选用影响破坏湖区生态系统的植被树种；禁止选用有毒、有刺激性气味或易过敏的植物品种。

(2)湿地保护型湖泊

①驳岸。禁止大段采用人工硬质城市化驳岸；禁止在生态红线、生态敏感区内使用非生态驳岸。

②堤塘。禁止填湖建房、填湖造地、填湖造园等侵占、分割水面的行为；禁止大段采用人工硬质堤塘。

③绿道。禁止绿道破坏生态敏感区域。

④景观及服务设施。禁止设施、建(构)筑物、小品等设置影响湖区自然生态、防洪蓄洪等功能；禁止建设与湖区整体风貌差异过大的景观及服务设施；避免使用寿命短、成本高、不易维修养护的材料；禁止未经审批在生态红线内建设景观服务设施。

⑤植被。禁止选用影响破坏湖区生态系统的植被树种；禁止选用有毒、有刺激性气味或易使人过敏的植物品种。

3.3 河 道

3.3.1 河道划线

一般应根据当地水利综合规划等有关规定的划线原则，提出水利工程环境设计的范围。建议如下。

（1）平原区河道

①管理范围。对于有堤防河道，根据堤防等级，一级堤防的管理范围为堤身和背水坡脚起20~30m内的护堤地，二级、三级堤防的管理范围为堤身和背水坡脚起10~20m内的护堤地，四级、五级堤防的管理范围为堤身和背水坡脚起5~10m内的护堤地（险工地段可以适当放宽）（图3.2）。对于无堤防河道，县级以上河道的管理范围为两岸之间水域、沙洲、滩地（包括可耕地）、行洪区以及护岸迎水侧顶部向陆域延伸不少于5m的区域，重要的行洪排涝河道、护岸迎水侧顶部向陆域延伸部分不少于7m（图3.3）。

②保护范围。规划河宽大于30m的河道保护范围为管理范围外5m；规划河宽小于30m（含30m）的河道保护范围为管理范围外3m。

（2）山区河道

①管理范围。对于有堤防河道，根据堤防等级，一级堤防的管理范围为堤身和背水坡脚起20~30m内的护堤地，二级、三级堤防的管理范围为堤身和背水坡脚起10~20m内的护堤地，四级、五级堤防的管理范围为堤身和背水坡脚起5~10m内的护堤地（险工地段可

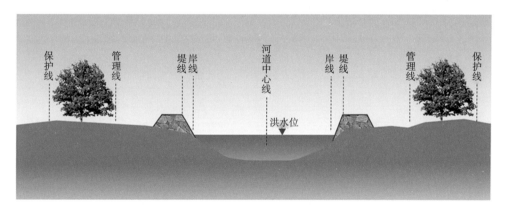

图3.2 平原有堤防河道划界示意图

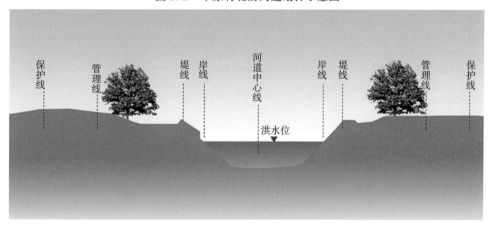

图3.3 平原无堤防河道划界示意图

以适当放宽)(图 3.4)。对于无堤防河道，县级以上河道的管理范围为两岸之间水域、沙洲、滩地(包括可耕地)、行洪区以及护岸迎水侧顶部向陆域延伸不少于 5m 的区域，重要的行洪排涝河道，护岸迎水侧顶部向陆域延伸部分不少于 7m(图 3.5)。

②保护范围。规划河宽大于 30m 的河道保护范围为管理范围外 5m；规划河宽小于 30m(含 30m)的河道保护范围为管理范围外 3m。

3.3.2 用地性质

原来用地性质是农田、林地、园地等的都可以保留，在其保护范围内不允许建设任何与水利安全无关的设施，在河道绿线范围内，可根据需要适当建设休闲游憩设施，但需要按照有关规定程序办理报批手续。

3.3.3 分类标准

(1)休闲游憩型河道
周边用地特点：乡镇、城区中人流聚集度高、开发程度较高的核心发展区域。

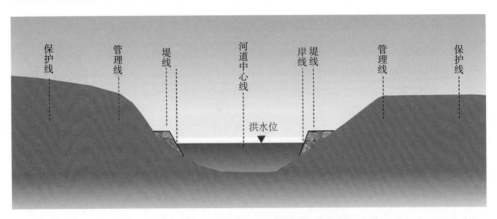

图 3.4 山区有堤防河道划界示意图

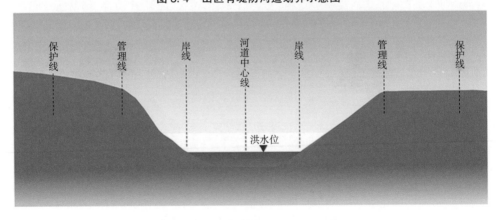

图 3.5 山区无堤防河道划界示意图

主要功能：提供游憩、健身交往的活动场所。

（2）自然生态型河道

周边用地特点：城郊外、人流聚集度低、开发程度比较低或不适宜进行开发的农田、山林、自然风景区域。

主要功能：生态修复与观赏性。

3.3.4 设计目标

（1）休闲游憩型河道

以打造功能齐全、体验舒适、绿色健康、活力创新的休闲游憩型河道为设计目标，结合河道所在区域不同的环境风貌和社会环境，系统建设慢行游憩体系、智慧导览体系、历史文化体系、植物风貌体系等内容，为周边居民和游客提供休闲散步、观景游玩的良好场所。

（2）自然生态型河道

以保护河道自然生态为设计目标，在此基础上进行景观美化和适当景观服务设施建设。保持河道的自然状态，保护河道两侧自然植被，恢复其生态功能，修复受损河滩，提升水体自净能力，打造"景美水清"的自然生态型河道。

3.3.5 设计要点

河道给人们呈现的是线状水域环境景观，湖泊则是面状的水域环境景观，两者岸线环境景观设计有借鉴价值，建议河道环境设计要点参照3.2.5中有关湖泊的设计要点。

3.3.6 禁止性内容

（1）休闲游憩型河道

①驳岸。禁止选用与整体风貌不符的驳岸类型；禁止选用影响河道生态、行洪、航运等功能的驳岸材料和类型。

②绿道。禁止选用与整体风貌不符的绿道类型。

③景观及服务设施。禁止设施、建（构）筑物、小品等设置影响河道自然生态、防洪蓄洪等功能；禁止建设与河道区域整体风貌迥异的景观及服务设施；避免使用寿命短、成本高、不易维修养护的材料。

④植被。禁止选用影响破坏河道生态系统的植被树种；水生植物配置禁止影响河道行洪、通航等功能；禁止选用有毒、有刺激性气味或易使人过敏的植物品种。

（2）自然生态型河道

①驳岸。禁止选用与整体风貌不符的驳岸类型；禁止选用影响河道生态、行洪、航运等功能的驳岸材料和类型；禁止使用人工硬质的城市化驳岸。

②绿道。禁止选用城市型风貌的绿道类型和材料。

③景观及服务设施。禁止设施、建(构)筑物、小品等设置影响河道自然生态、防洪蓄洪等功能；禁止未经审批在生态红线范围内规划设计任何景观及服务设施；禁止建设环境景观城市化、与自然环境迥异的景观及服务设施；避免使用寿命短、成本高、不易维修养护的材料。

④植被。禁止选用外来入侵、与河道生态本底植被有冲突的植被树种；水生植物布置禁止影响河道行洪、通航等功能；禁止选用有毒、有刺激性气味或易使人过敏的植物品种。

3.4 水工建(构)筑物——泵闸站

3.4.1 管理范围

大型泵闸站的管理范围为水闸上下游河道各 200~500m 的地带，水闸左右侧边墩翼墙外各 50~200m 的地带；中型泵闸站的管理范围为水闸上下游河道各 100~250m 的地带，水闸左右侧边墩翼墙外各 25~100m 的地带；小型泵闸站管理范围为上下游各 50m 的地带，左右侧边翼墙外各 20m 的地带，且泵闸站环境设计范围宜在其所处河道、湖泊或水库、山塘管理范围以内。

设计内容包括泵闸站主体工程，上下游引水渠道及消能防冲设施，两岸连接建(构)筑物，两岸一定宽度范围内水文、观测等附属工程设施，泵闸站工程管理单位生产生活用的管理区，还有设计范围内的景观、配套设施及护坡、植物等周边环境。

3.4.2 保护范围

泵闸站的保护范围一般为管理范围外 20m 左右的地带。

3.4.3 用地性质

设计范围内涉及耕地、林地、园地等用地应严格保护，除水利工程建设及必须进行的休闲开发建设部分外，不得做其他任何与水利工程无关的建设。

3.4.4 分类标准

①建筑式。体量大小：中型及以上。形态：与建筑结合布置(图 3.6)。

②简单构筑式。体量大小：中小型。形态：单一排架(图 3.7)。

③观景台式。体量大小：中小型。形态：一般为挑出式且与堤顶搭配(图 3.8)。

④桥闸结合式。体量大小：中型及以上。形态：与桥梁结合布置(图 3.9)。

⑤翻板闸式。体量大小：中型及以上。形态：闸可没于水面以下(图 3.10)。

图 3.6　建筑式

图 3.7　简单构筑式

图 3.8　观景台式

图 3.9　桥闸结合式

图 3.10 翻板闸式

3.4.5 设计目标

通过泵闸站环境的精心布置、空间的优化美化，提炼周边特色，并结合自然环境景观及服务设施、夜景、文化、休闲、通行、生产需求等，对有条件开放的水利基础设施还能融入观光、游憩等更多功能，设计成为能够融入城乡景观，被人们打卡、使用的日常休闲、教育、科普、服务等公共场所，打造具有本地特色、功能多样、富有内涵的泵闸站水利工程环境景观。

3.4.6 设计要点

泵闸站的环境设计要素主要分为泵闸站主体部分、泵闸站室内部分、景观及配套设施以及周边环境等。

3.4.6.1 泵闸站主体部分

（1）建筑式泵闸站

建筑式泵闸站一般指过水闸与管理房结合的单一建筑式泵闸站，根据实际情况和需求，其主体结构部分的环境设计主要针对闸室部分的建（构）筑物、工作桥、交通桥、闸墩，以及上下游连接段的翼墙等。

①建（构）筑物。建筑整体风貌宜根据泵闸站所在城乡区位、本地文化背景和周边自然环境条件等来设计，可设计成为城乡景观风貌型、特色风貌型、历史人文风貌型和自然郊野风貌型等，要充分融入当地民居和特色建筑的元素，并根据当地历史人文和山水格局进行综合设计。

②工作桥、交通桥。可将有交通功能的桥进行适当拓宽设计，并加以美化，丰富交通桥的使用功能，成为连接两侧环境的景观绿道，为城乡居民提供骑行、散步、观赏等场所；条件允许的话，也可在桥体空间增加座椅，成为居民的休憩场所；还可利用桥体空间开展水利文化宣传、科普教育等活动。

③闸墩。闸墩的环境设计主要考虑它的表面材料、质感、色彩等要与周边环境和建（构）筑物协调，可融入有关神话传说、镇水神兽等景观小品来丰富闸墩造型。对于体量较

大的闸墩，也可利用上部空间种植植物，以适应性强、成活率高、价格经济、抗病虫害的植物为佳，如常春藤、蔷薇、黑麦草、结缕草、剪股颖、狗牙根等。

（2）简单构筑式泵闸站

简单构筑式泵闸站由单一过水闸以及架设在河道之上的交通桥构成，闸板裸露简单。根据实际情况，主要针对闸室部分的建（构）筑物、工作桥、交通桥、闸门板，以及上下游连接段的翼墙等进行环境景观设计。

①建（构）筑物。简单构筑式泵闸站大多体量较小，且位于跨度不大的河道上，因此可以采用覆罩美化的方式对泵闸站进行外观美化设计，在泵闸站外部加以亭、廊等建（构）筑物，通过对原本风貌不佳的泵闸站进行遮挡等优化美化设计，形成具有特色的水利工程环境景观。

②工作桥、交通桥。条件允许的话，可对交通桥进行适当拓宽，丰富交通桥的使用功能，成为连接水域两侧环境的景观绿道，为城乡居民提供骑行和散步的场所；也可在桥体空间建设亭廊等建（构）筑物，并增设座椅，成为城乡居民的休憩场所；也可利用桥体空间开展水利文化宣传、科普教育等活动。

③闸门板。简单构筑式的闸门板体量突出，造型简单且裸露，可在不破坏其结构和功能的基础上对其进行美化，可在闸板上绘制场景画、纹饰符号、文字说明等，增加科普宣教的功能。

④翼墙。对翼墙外观进行美化时应注意考虑翼墙材质与周边环境和建（构）筑物相协调，如块石、条石、混凝土等。可通过在墙面增加当地特色图案纹饰和场景雕刻等景观装饰，展现当地的文化内涵和精神风貌。

（3）观景台式泵闸站

观景台式泵闸站常架设于堰坝之上，一般由水闸、管理房、交通桥构成，根据实际情况和需求，对其主体结构的外观设计指引主要针对闸室的建（构）筑物、交通桥、立柱。

①建（构）筑物。丰富建（构）筑物的使用功能，在坝体支撑及承重可行的情况下，可在建（构）筑物外增加立柱扩建景观平台，结合立柱设置楼梯，设置桌椅、健身器材等休憩设施，也可摆放望远镜等设备，使游客可以在此观赏飞鸟，增加游玩路径。

②交通桥。观景台式泵闸站的交通桥是通向泵闸站的唯一通道，宜注重其美观性，同时可结合铺装或栏杆设置指引性标志，引导游客进入泵闸站。在交通桥两侧可结合栏杆设置解说牌，讲解当地的水利发展史和治水故事，起到科普宣教作用。

③立柱。观景台式泵闸站的立柱较为突出，影响整体美观性。可选择在立柱表面刷涂料、贴装饰材进行美化，或采用耐候钢等金属材料对立柱进行包边，雕刻一些传统的纹饰图案；也可通过攀缘植物对柱体进行遮挡，植物生长茂密，可营造良好的自然景观。

（4）桥闸结合式泵闸站

桥闸结合式泵闸站是桥体和水闸合二为一的结构，通常桥墩较大，根据实际情况和需求，对其主体结构的外观设计指引主要为桥体、桥墩。

①桥体。桥体作为连接两岸的通道，可利用桥体将两侧绿地进行整合，通过对绿地景

观的打造和空间的营造，成为周边居民的游憩空间。材料宜考虑车或人的通行需求，可根据使用需求和风格选择不同特性的铺装材料，如防滑橡胶板、乙丙橡胶、塑木、陶瓷防滑颗粒、光伏、混凝土等。

②桥墩。桥闸结合式泵闸站的桥墩较大，比较突出醒目，其材质应与桥体相协调，在其表面可进行贴面处理，避免水泥裸露；也可适当增加当地文化符号和景墙、装饰画等进行装饰，或者通过种植水生植物对裸露的桥墩进行遮挡，美化环境的同时优化生态。

（5）翻板闸式泵闸站

翻板闸式泵闸站上部为桥体，下部为水闸，水闸随水位的变化而上下运作，通常桥墩较大，根据实际情况和需求，对其主体结构的外观设计指引主要为桥体、桥墩、翼墙。

①桥体。翻板闸上体部分可以根据功能需要和区域背景进行设置，若周围为较为现代的居住区，应尽量用混凝土、塑木等具有现代感的材料，打造较为轻盈的现代景观桥；若周围环境有较多的古典要素，可用防腐木、青砖、黑瓦等材料打造厚重的古典景观，如廊桥、亭阁等。建筑可对称布局，注意建筑体量应协调，其高度和水面的长度应相适应。

②桥墩。翻板闸的桥墩往往较大，可将闸室设置在闸墩中，起到节省空间和美化整体外观的作用。闸墩主要考虑贴面材质与周边环境和建（构）筑物协调，可融入镇水神兽等景观小品；对于体量较大的闸墩，也可利用上部空间种植植物，如常春藤、蔷薇、黑麦草、结缕草、剪股颖、狗牙根等。

③翼墙。对翼墙外观进行美化时应注意考虑翼墙贴面材质与周边环境和建（构）筑物相协调，如块石、条石、混凝土等。可通过在墙面增加当地特色图案纹饰和场景雕刻等景观装饰，展现当地的文化内涵和精神风貌。

3.4.6.2 泵闸站室内部分

泵闸站室内环境设计要符合经济、实用、美观要求，日常养护费用要低，营造良好的工作环境，反映出水利工程的性质，体现出水利工程的文化底蕴，通过完整的环境设计，创造一个完美的水利工程空间，提升水利工程整体形象。主要内容如下。

①室内环境设计。要符合泵闸站的经济、规模、特点等要求，创造一种安静、平和与整洁的环境。

②风格、品味。要符合水利工程行业的特点，应与所处的环境、外观形象相符合，简约舒适，不要过于花哨。色调干净明亮，灯光布置合理，有充足的光线等；灯光设计应充足、柔和，宜选择自然光和人工灯光相结合的方式，使人感觉更加舒适。色调明快，使人们心情愉快，给人们一种洁净之感，在白天还能够增加室内的采光度。

③设施设备布局。应该使人流线路清晰，注意秩序感，平面布置要有规整性，空间与位置等要符合安全、便捷使用的要求，方便员工操作和提高工作效率。样式与色彩要协调，尺度大小与色彩材料要统一，设施设备安装位置的高低统一、天花的平整性、墙面不过度装饰、采用暗线或规整套管、合理的室内色调及视觉的引导等，都使秩序感在环境设计中起着关键性的作用。

④色彩搭配。应以简约、清新为主，可以选择白色、米色、灰色等为主色调，搭配一些明亮的色彩，如绿色、湖蓝色等，能创造一种春意的感觉，往往给人一种良好的视觉效果，使泵闸站更加生动活泼。

⑤材料选择。所选材料应该环保、耐用、易清洁。由于水利工程环境潮湿，地面、墙裙最好使用防滑瓷砖或文化石等。

3.4.6.3 景观及服务设施

景观及服务设施主要包括景观小品、休息设施、游憩设施、照明设施、环卫设施和标志系统等。

①景观小品。景观小品是泵闸站改造设计的重要组成部分，作为组景的一部分，起着点景、赏景、添景的作用。景观小品包含石材、混凝土、高分子合成材料等制作的雕塑、雕刻等。

②休息设施。包括露天的座椅、条凳，泵闸站内的休息设施，除局部特色座椅通过特殊设计外，可考虑市场上的系列化的成品座椅，但其造型应与环境相协调，并与花坛、树木、水池、亭廊等结合，注重景观与观景的统一。

③游憩设施。确定泵闸站相关游憩娱乐空间，强调景观公平性，增加泵闸站的适用人群，并与周边现有环境相协调。材料可采用玻璃钢、PVC、塑胶、充气橡胶等，色彩鲜艳、造型多样，使其成为环境景观的重点。

④照明设施。照明亮化首先需满足安全的活动，在此基础上更能够美化城市景观。规划以点(泵闸站、小品)—线(道路)—面(广场、绿地、景点)相结合，形成夜间照明系统，水面照明与建筑的垂直照明配合，为周边居民夜间休憩创造条件，烘托气氛。

⑤环卫设施。垃圾箱的投放口大小应以方便行人投放废弃物为宜，可在顶部或侧面，宜为敞口，距地面80~110cm。垃圾箱规格、色彩、安装位置及观赏效果与景观相协调。

⑥标志系统。线条明快，美观大方，同时要考虑色彩的搭配、材质及周边元素的运用。

3.4.6.4 周边环境

(1)护 坡

护坡美化宜使用生态型材料和生态型做法，以打造生态美丽的护坡景观。生态护坡的形式主要有植物型护坡、土工材料复合种植基护坡、生态袋护坡、植被型生态混凝土护坡、生态石笼护坡、多孔结构护坡、自嵌式挡土墙护坡等。

①植物型护坡。通过在岸坡种植植被，利用植物发达根系的力学效应和水文效应进行护坡固土、防止水土流失，在满足生态环境需要的同时进行景观造景。固土植物一般选择耐酸碱性、耐高温干旱植物，同时应具有根系发达、生长快、绿期长、成活率高、粗放管理、抗病虫害的特点。

②土工材料复合种植基护坡。此类护坡分为土工网垫固土种植基护坡、土工单元固土种植基护坡、土工格栅固土种植基护坡3种。

③生态袋护坡。生态袋依据特定的生产工艺把草种和保水剂按一定密度定植在可自然降解的无纺布或其他材料上，并经机器的滚压和针刺等工序而成。其稳定性强；具有透水不透土的过滤功能；利于生态系统的快速恢复；施工简单快捷。

④植被型生态混凝土护坡。由多孔混凝土、保水材料、缓释肥料和表层土组成。可为植物生长提供基质；抗冲刷能力好；孔隙率高，可为动物及微生物提供繁殖场所；可保持土壤与空气之间的湿热交换能力。

⑤生态石笼护坡。它是由低碳钢丝包裹 PVC 材料后使用机械编织而成的箱型结构。具有较强的整体性、透水性、抗冲刷性和生态适宜性，造价低，运输方便。

⑥多孔结构护坡。它是利用多孔砖进行植草的一类护坡，可以为动植物提供良好的生存空间和栖息场所，可在水陆之间进行能力交换，起到透水、透气、保土、固坡的效果。

⑦自嵌式挡土墙护坡。自嵌式挡土墙的核心材料为自嵌块，主要依靠自嵌块的自重来抵抗动静荷载，使岸坡稳固。该种护坡可在孔隙间人工种植一些植物，增加美感；孔隙也为鱼虾等动物提供了良好的栖息地。其造型多变，主要有曲面型、直面型、景观型和植生型；抗震性好，施工简便。

（2）植　被

对泵闸站所处河道、湖泊的植物进行营造，改善护坡裸露的尴尬场景，同时达到净化水质、改善生态的作用。根据水位高低种植不同种类的植物，可适当增加观赏草的种植，营造自然野趣的景观。通过水生植物和湿生植物的种植软化硬质水岸，以乔灌地被形成丰富的植物群落，丰富植物多样性，恢复改善生态性差的现状。植物宜选用耐水湿、耐盐碱、易存活、耐粗放管理的乡土植物，也可适当引进经长期栽培适用于本地生长的外来树种，形成和谐共同发展的植物群落。

3.4.7　禁止性要求

①建筑式泵闸站。禁止过多改造上部主体结构，以致过多负重，造成安全隐患；夜间灯光切勿过亮，以免造成光污染，影响周围居民生活，破坏当地生态环境；禁止交通桥改造中不考虑非机动车通行载重，且不设隔断，造成安全隐患。

②简单构筑式泵闸站。道路与闸站连接部分切勿缺少安全防护设施，以致过往车辆不能及早发现行人；禁止泵闸站只求外形，以致风格与周围环境不符，建筑高度不够影响闸板正常使用。

③观景台式泵闸站。禁止在堤坝改造时为求景观效果，过分降低坝面及坝墙高度，以致不满足防洪要求；架设平台禁止过大，未考虑其下基础承重力，造成安全隐患；禁止水生植物种植过多，阻隔水流，造成淤积进而堵塞闸孔。

④桥闸结合式泵闸站。禁止改造交通桥时未考虑周边交通需求，影响周边通达性；禁止植物布局散乱无序、不合理；禁止采用过多分叉杂乱、气味浓郁、易招病虫害的植物，影响桥闸使用。

⑤翻板闸式泵闸站。禁止过分压缩水工设施空间，影响功能使用；禁止与周边交通道

路直接连接，不设置过渡空间；禁止改造上体结构时，力求风格形式，采用不合理、不适宜、不耐水蚀的材料。

3.5 水工建（构）筑物——景观堰

3.5.1 堰坝概况

堰坝一般有干砌块石硬壳堰、浆砌块石堰、混凝土堰、橡胶堰等多种类型。堰坝作为一种雍水建筑，可以发挥灌溉、景观生态、发电、调整坡降、巩固泥沙、防洪等作用。

3.5.2 管理范围

一般为堰坝周边 20m 范围内的区域，且涉及范围在堰坝所处河道、湖泊或水库设计范围以内。设计内容包括堰体及堰下消力池，设计范围内的景观及服务设施，以及护坡、植物等周边环境。

3.5.3 用地性质

设计范围内涉及耕地、林地、园地等用地应严格保护，除水利工程建设必须进行的休闲开发建设部分，不做其他与水利工程无关的建设。

条件许可的前提下，可适当增加景观及服务设施用地，例如融入当地文化要素丰富工程内涵，改造堰坝外观，展现河湖文化；或在满足河道防洪要求的前提下扩大堰坝景观用地，以便改造堰坝外观形式，丰富堰坝环境景观；或加入汀步、茶台、竹筏等设施用地，提升堰坝的可游憩性；或扩大延伸上下游堰坝用地范围，打造多级堰坝，提供便民亲水空间等（图 3.11）。

利用游步道等便利交通，增加串联周边景点的设施用地，以利于提供亭廊、观景台等观景休憩空间，展现区域文化特色，增设便民服务设施（图 3.12）。

3.5.4 设计目标

通过对堰坝修复改造、水文化遗产挖掘与保护，探索水利工程生态红利新路径，更高水平、更高标准地发挥当地在乡村振兴、城镇和农村人居环境提升中的基础保障作用，彰显水利文化底蕴，最终增强当地发展特色。

3.5.5 设计要点

景观堰的外观设计要素主要是堰体和堰下消力坡、游步道、景观及服务设施，应结合周边环境进行相应设计，并融入当地的文化和历史。

图 3.11　堰坝

图 3.12　堰坝观景台

（1）堰体和堰下消力坡

堰坝主要考虑堰体、堰下消力池的外观形式，要满足河道防洪要求，不改变原有堰高、堰宽等基础条件。不宜采用高堰坝，堰坝设计时不宜尾水相连，宜以低堰或多级堰坝为主。

堰坝的外观形式可融入当地历史文化要素和自然乡野要素，如印章、竹筏、茶盏、茶台、禅台、叠水、鱼鳞等，将其外形或纹理进行提炼、抽象并组合，成为独具当地特色的堰坝外观形式。材质主要以当地产的乡土材料为主，如老石条、块石、青砖、青石板等，经济实惠且生态美观。

为提高堰坝的游憩体验性，可在堰坝设计中加入汀步、浮台、鱼道漂流、水中滑台、互动水枪等设施，为游客提供亲水的空间，增强游客与水的互动性。

堰坝的设计中可增加科技元素，加入灯光营造夜景效果，增加水雾装置，打造仙气缭绕的意境，也可加入紧急预警装置、水流检测装置等，为人们的安全游玩提供保障。

（2）游步道

堰坝周边的游步道宜与坝体相连，可在堰坝设置汀步，使其成为连接两岸的通道，方便游客前往堰坝进行游玩。步道宜沿水体布置，并串联周边景点，根据实际情况，在步道周边设置亲水平台等亲水设施，打造居民亲水、乐水的乡野绿道。

主游步道以步行为主，局部可供小型车辆通行，宽度可设 3m，采用灰绿色透水混凝土路面，台阶处采用当地常用的青花岗岩。

次游步道宽 1.5~2m，多为依据场地地形布置的健身步道，多为"之"字形和"一"字形的台阶步道。考虑到游人安全问题，应减少连续踏步的情况，每 15~18 级台阶设置一个休息平台。并根据场地条件，采用不同形式的花岗岩、老石板、溪滩石等材料铺设。

汀步设置应以便于人的行动为目标，顶面距水面的常水位不小于 0.15m，表面不宜光滑，面积为 0.25~0.35m²，汀步中心间距一般为 0.5~0.6m，相邻汀步之间的高差不应大于 0.25m，间距一般不大于 0.15m。

（3）景观及服务设施

①照明设施。照明设施以功能性照明为主，景观性照明为辅，造型力求与周边环境要素融为一体，融入当地文化元素。主游步道配以造型庭院灯，太阳能照明光源，间距 15~18m；次游步道则考虑辅助性的功能性照明，灯具选择贴近地面的草坪灯。坝体的灯光以暖色为主，营造出宁静安逸的禅意，并注意用电的安全性。

②休息设施。座椅的设置应以满足人体工程学为目标，一般普通的座椅高 0.4m 左右，宽 0.45m 左右，标准的单人座最低的长度为 0.6m 左右，同时条件允许还应提供遮阳措施。

③围护设施。安全方面，根据《公园设计规范》（GB 51192—2016）要求，游人正常活动范围边缘临空高差大于 1m 处均设护栏设施，其高度应大于 1.05m，高差较大处可适当提高，但不宜大于 1.2m。舒适性方面，需符合人体工程学的人性化设计，可采用铝合金木纹材料、仿木材料，并结合堰坝区域的整体风格，为护栏加入文化元素。

④标志设施。标志牌在内容上应切合堰坝主体风格，言简意赅，易于理解。材料上可选择石材和木质材料，在石材上赋予雕刻，将人工元素融入自然中。结合当地的文化特色、风俗民情。考虑地域文化特色，针对不同外观风貌类型的水库等其标志牌应提炼其地域文化元素进行设计。

3.5.6 禁止性要求

①堰体。禁止在转弯处或水流狭窄处分流，导致部分堰坝水流压力过大；禁止在需通船的河道设置阻隔，影响原有功能；禁止采用不耐水蚀和易阻水流的材料。

②堰下消力池。禁止不考虑安全性，在水流湍急地段利用消力池打造亲水平台；禁止力求外形风格，不考虑消力池结构需求，造成冲刷。

③休闲设施。禁止在水流压力过大、水流湍急的河段设置步道；设置水上休闲设施时，禁止采用表面光滑、不满足承载属性的材料；水上休闲设施切勿过分密集，阻隔水流，以致水流压力增大。

④围护设施。在水上设置步道时，切勿忽略过渡空间及防护措施的设置；堤坝切勿与堰坝直接相接，不应缺少消力空间及栏杆维护；禁止忽略围护设施功能性，禁止采用不紧实、不合理的结构和材料。

⑤植被。禁止使用气味浓郁、易招病虫害的植物；禁止过密种植植物，造成视线阻隔，影响交通与安全性；水生植物切勿过密种植，阻隔水流，造成河道淤积。

3.6 设计图则

工程环境设计应符合当地国土空间的控制性详细规划和相关政策要求，绘制规划图则。以泵站设施为例，制定规划控制相关技术指标（图3.13），围绕建立项目库信息制度、创新建管模式、强化建设监管等方面，清单式提出水利工程建设管理的主要内容、建设与管理控制指标，纳入国土空间规划管理"一张图"，为水利工程设计、建设和管理提供依据，有利于科学有序地推进水泵、闸站、堰坝、渠系等水利工程设施的新建、改建、更新升级、环境综合整治等工作。

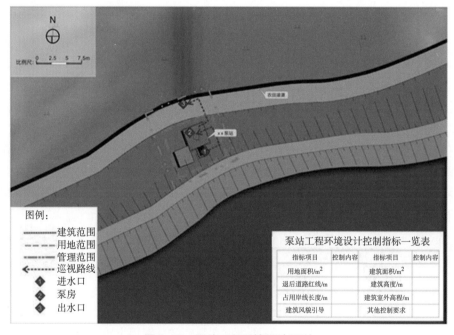

图3.13 泵站工程环境设计图则

4 水利工程环境设计图示

为了更具体地了解和掌握水利工程环境设计的基本要求，本章将以水利工程环境设计图示的形式，分门别类说明水库、山塘、湖泊、河流、泵闸站、水闸、堰坝等农田水利工程构成要素的环境设计意向、要点等，旨在进一步帮助理解农田水利工程环境的每个组成部分设计因素和要求，包括工程选址、结构造型、生态环境、身心安全、审美情趣等各个方面。

4.1 水库、 山塘

4.1.1 生态保护型水库、山塘

4.1.1.1 大型生态保护型水库、山塘

大型生态保护型水库在进行环境设计时，需将水库的生态修复放在首要位置，水库消落带根据周边环境的差异性有选择地进行景观设计，可采用多种手段进行美化，使消落带与库区环境和谐。

绿化、美化、彩化一体化，注意形成多种组合和形式各异的植物空间。强调设计遵从自然，以自然的空间格局、生态景观融入游赏过程(图4.1)。

①大坝。坝肩可采用边坡绿化的形式，如植被混凝土、厚质基材喷射等措施，坝体下游坡面绿化宜采用框格梁和横向马道种植槽覆绿，局部可建设智慧水务等检测、预报预警设施，强化水质动态监测智能和险情预警功能(图4.2)。

②水工建(构)筑物。建议以温文尔雅、简洁大方的风格为主，注重历史韵味。立面上可以采用竖向分隔，适当强调色彩与材料的对比(图4.3)。

图 4.1　大型水库

图 4.2　大型水库大坝

图 4.3　大型水库水工建(构)筑物

③水库道路。可延库岸设置骑行道，采用透水混凝土铺设；游步道在环境条件较好的位置结合其他步道，设置平台、汀步等亲水设施(图 4.4)。

④景观及服务设施。以简洁明快为基调，可采用高架平台，为游客提供赏景眺望的空间，材料上建议以木材或仿木材料为主，细节部分融入本土文化的雕刻艺术(图 4.5)。

图 4.4　大型水库道路

图 4.5　大型水库景观及服务设施

⑤植被。植被修复需选用适应性较强的物种，即耐淹、耐干植物的搭配。库坡设计为缓坡，营造深潭、浅滩等水生动物喜爱的空间(图4.6)。

4.1.1.2　中型生态保护型水库、山塘

中型生态保护型水库可通过人工措施退田还地、稳定滩地、修复受损河滩等措施，提升水体自净能力。

图4.6　大型水库植被

景观设计应与周边环境相协调。结合坝前、坝后发展空间，使水库工程建设的永久建筑和景观布置与自然环境相协调(图4.7)。

① 大坝
② 水工建（构）筑物
③ 水库道路
④ 景观及配套设施
⑤ 植被

图4.7　中型水库

①大坝。坝顶可兼具道路的功能，采用混凝土铺设，配合石质栏杆等保证游客赏景的安全性；坝肩建议采用边坡绿化的形式，提升大坝的景观(图4.8)。

②水工建(构)筑物。整体风格上可注重历史韵味，风格与周边环境相协调，通过设置休憩平台满足游客眺望赏景的需求(图4.9)。

③水库道路。环库路以透水沥青路面为主，广场铺装建议采用透水砖，不同级别的道路主次分明，人车分流(图4.10)。

图4.8　中型水库大坝

④景观及服务设施。在满足功能性的基础上力求多元化，可通过色彩和造型进行丰富，如局部融入具有本土文化特色的雕刻艺术(图 4.11)。

⑤植被。建议以自然葱郁为基调，局部补植色叶及观花、观果树种，营造色彩斑斓的山林四季景观；道路沿线可种植有特色及观赏效果的上层乔木，同时丰富中下层植物，也为游人提供养生保健的优美环境(图 4.12)。

图 4.9　中型水库水工建(构)筑物　　图 4.10　中型水库道路　　图 4.11　中型水库景观及服务设施

图 4.12　中型水库植被

4.1.1.3　小型生态保护型水库、山塘

小型生态保护型水库、山塘可按简单的环境景观设计处理，选择净化水质能力强的水生植物和乡土树种为主，适当应用少量观赏性树种。设施与风景协调配合、融为一体；周边景观设计应体现对风景资源的保护、生态修复。植被以保育为基础，打造疏朗、舒适的绿色游憩空间。有计划地提高观赏树种的密度和成片生长面积，以强化观赏效果和适应大尺度水库景观(图 4.13)。

①水库道路。游线可呈环形布置，可采用透水沥青等进行路面铺设，同时应做好道路防滑措施；在环境条件较好的位置可结合

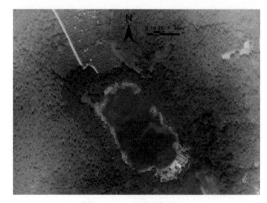

图 4.13　小型水库

设置台阶、休憩平台等亲水设施(图4.14)。

②景观及服务设施。休憩平台可以防腐木、仿木材料等为主要材料，保证结构的耐久性，同时最大限度地保留水库生态景观；顺应库岸坡度可设置亲水、取水互动设施，同时增设智慧导览(图4.15)。

③植被。建议在岸线处运用乡土植物，配置本地区适宜的水生植物，营造出一种自然式库岸效果，同时修复水生态；结合高差地势，可间隔种植狗牙根、蓼子草、芦苇等植物，形成错落有致的景观层次(图4.16)。

图4.14 小型水库道路

图4.15 小型水库景观及服务设施

图4.16 小型水库植被

4.1.2 休闲游憩型水库、山塘

4.1.2.1 大型休闲游憩型水库、山塘

大型休闲游憩型水库可突出生态保护功能，注重水生生物栖息地保护和生境营造，维护水生生物多样性。可适当增设部分可淹没性观景栈道，促进游客与水的互动。

合理布置标志系统，完善游憩服务设施，注意利用植被加强开敞、私密、半开敞半私密等各类空间的塑造，促进不同类型游人互动交往(图4.17)。

图 4.17 大型水库

①大坝。坝顶结合道路可设置科普展示牌,围绕水利工程文化与本土文化,引发人们对水利工程的辩证思考;坝体下游坡面绿化宜采用框格梁和横向马道种植槽等覆绿(图 4.18)。

②水工建(构)筑物。可利用建筑的窗户和梁柱对建筑原本较平板的外貌加以分割和装饰,使其变得充满生气和悦目感。除此之外,在线条和色彩上与环境相呼应(图 4.19)。

③水库道路。环库路可采用透水沥青路面或透水混凝土铺设,与游步道混行(图 4.20)。

④景观及服务设施。在平面布局和竖向布置上,可结合原始场地地形,充分利用原始场地上的植物,布置交通线路、景观平台、智慧无人零售设施等设施(图 4.21)。

⑤植被。根据库区气候、土壤及林地条件,建议在靠近库岸的区域以常绿疏林为基调,并适当选用具有观花、观叶、观果等效果的乡土树种;园林库岸部分可通过香化、彩化、美化山林,形成错落有致的复合季相林景观(图 4.22)。

图 4.18 大型水库大坝　　　图 4.19 大型水库水工建(构)筑物　　　图 4.20 大型水库道路

图 4.21　大型水库景观及服务设施　　　　　图 4.22　大型水库植被

4.1.2.2　中型休闲游憩型水库、山塘

中型休闲游憩型水库应选用适应性较强的物种进行生态修复。建筑应遵守"因势、随形、相嵌、得体"的原则，在与环境相协调的基础上，结合水文化与当地文化，因水设景，景水相映。可选择观赏性强的乡土植物与引进的观赏植物为主，在重要节点上注重进行绿化配置，保障其观赏、游憩功能(图 4.23)。

①大坝。可强调大坝的整体性，弱化附属设备，减少附属设备的视觉吸引，重点突出大坝。坝顶防浪墙图案可以简洁、大方为宜，色彩与建筑的色彩相协调，避免喧宾夺主(图 4.24)。

②水工建(构)筑物。在线条和色彩上应与大坝主体相呼应，可适当利用建筑窗户和梁柱加以分割和装饰。同时可增加水位流量监测和水质监测设施的使用，但其布局、色彩等需与环境景观相协调(图 4.25)。

③水库道路。建议设置良好的游览路线规划，通过车行道和骑行道构成景观连接网；道路可采用渗透性铺装等材料，特殊道路上可用图案标注加以区分(图 4.26)。

④景观及配套设施。整体风格与水库环境融为一体，局部可通过色彩和造型进行丰富，如局部融入本土文化的雕刻艺术(图 4.27)。

⑤植被。建议以简洁生态为设计特色，结合道路方案可适当增加色叶等彩林植物的种植，形成自然野趣的植物特色(图 4.28)。

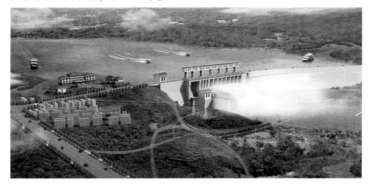

图 4.23　中型水库

图 4.24　中型水库大坝

图 4.25　中型水库水工建(构)筑物

图 4.26　中型水库道路　　图 4.27　中型水库景观及服务设施　　图 4.28　中型水库植被

4.1.2.3　小型休闲游憩型水库、山塘

小型休闲游憩型水库可通过灌木、草本植物，恢复水库下游河滩地的自然状态及生态功能，通过人工措施退田还地、稳定滩地、修复受损河滩，提升水体自净能力，修复生态。

景观及服务设施在满足其使用功能的前提下，应避免对环境的破坏，在平面布局和竖向布置上，可结合原始场地地形，同时延续场地自然、文化发展脉络，展示区域自然、文化特色(图 4.29)。

①大坝。建议充分考虑大坝与观望角度，结合坝顶道路可设置眺望水库的观景休憩亭，为游客提供休闲场所；坝肩可采用边坡绿化的形式，从而美化坝体。此外，局部可布置水位监测点，建立洪水预警机制(图 4.30)。

②水工建(构)筑物。建筑可结合植物进行设计，合理使用色彩，使用生态材料，整体风格上建议与环境相呼应；结合建筑可布置亲水活动平台、河埠头等设施，为游客创造游憩观景之所(图 4.31)。

③水库道路。环库路可采用渗透性铺装，如生态透水砖、生态彩色透水混凝土、景观砂石铺装等；游步道可有一定坡度，铺装上宜体现视觉美观性，材料上建议选择耐磨、防滑材料(图 4.32)。

④景观及服务设施。可结合水库地势合理布置景观及服务设施，充分利用风景资源，在满足功能性的基础上力求多元化，可通过色彩和造型进行丰富，材料选取上宜展现生态性(图 4.33)。

⑤植被。库岸可通过栽植水生植物形成生态自然的野趣环境。结合高差可增加植物层次，营造生态组景(图4.34)。

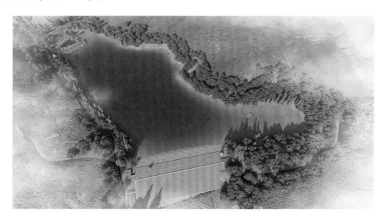

图4.29 小型水库

图4.30 小型水库大坝

图4.31 小型水库水工建(构)筑物

图4.32 小型水库道路

图4.33 小型水库景观及服务设施

图4.34 小型水库植被

4.1.3 生态保护型水库、山塘设计图纸

根据水库、山塘水利工程环境设计的规模、生态保护要求确定合理的图纸比例尺，一般为1∶100~1∶500，可根据实际情况补充其他图纸。

①区位图。需标明水库、山塘的自然地理区位，即场地在国内、省内及具体城镇的位置，并标明与周边环境的关系；附相应文字说明。

②土地利用现状图。需标明规划红线及红线范围内现状土地利用的状况、程度及分布

等；根据国土空间规划的用地分类标准，采用规范的符号、色彩和注记。

③现状分析图。需标明水库、山塘的环境状况、交通状况、绿地状况等现状的调查分析；附相应文字说明。

④总平面图。需标明水库、山塘设计范围、管理范围、协调区范围等的周边环境；利用注记、文字的形式标明总体空间布局、主要节点、重要设施分布等；必须标明设计范围红线，以及有对应的比例尺和指北针。

⑤功能分区图。利用色彩、注记或文字的形式标明场地的各功能分区、空间结构等情况；必须有对应的比例尺和指北针。

⑥道路交通设计图。利用色彩、注记或文字等标明场地各级道路和交通设施及其分布情况；必须有对应的比例尺和指北针。

⑦分区设计图。其包括分区平面图、分区竖向设计图等，需标明各区的详细设计内容；利用注记、文字的形式标明设计后的节点分布；必须有对应的比例尺和指北针。

⑧节点效果图。需展现水库、山塘在立体空间上的设计效果，并凸显生态保护的特点。对于重点地段的驳岸剖面图，需详细展现驳岸的设计形式、材质等内容，并标明与水域、绿地、景观小品等要素的关系；附相应文字说明。

⑨土地利用规划图。需标明规划红线及红线范围内土地利用规划的状况、程度及分布等；根据国土空间规划的分类标准，采用规范的符号、色彩和注记。

⑩生态保护规划图。需标明水库、山塘在设计范围内场地的生态保护范围、用地、对象等；利用色彩、注记或文字的形式标明生态保护规划要点；附相应文字说明。对植物景观进行专题设计时，需详细展示植物的配置方式与树种选择，凸显生态保护的特点，并标明与水域、绿地、景观小品等要素的关系；附相应文字说明。

4.1.4 休闲游憩型水库、山塘设计图纸

根据水库、山塘水利工程环境设计的规模、休闲游憩开发建设要求确定合理的图纸比例尺，一般为1：100~1：500，可根据实际情况补充其他图纸。

①区位图。需标明水库、山塘的自然地理区位，即场地在国内、省内及具体城镇的位置，并标明与周边环境的关系；附相应文字说明。

②土地利用现状图。需标明规划红线及红线范围内现状土地利用的类型、状况、程度及分布等；根据国土空间规划用地分类标准，采用适当的符号、色彩和注记。必须标明水库、山塘的环境状况、交通状况、绿地状况、相关设施等现状的调查分析；有对应的图名、图例、比例尺和指北针；附相应文字说明。

③总平面图。需标明设计范围红线图名、图例、比例尺及指北针；需标明水库、山塘设计范围、管理范围、协调区范围等周边环境；利用注记、文字的形式标明空间布局、用地性质、主要设施及重要节点的分布等。

④功能分区图。利用色彩、注记或文字的形式标明场地的不同功能分区情况；必须有对应的图名、图例、比例尺和指北针。

⑤分区设计图。其包括分区平面图、分区竖向设计图等，需标明各区的详细设计内容；利用注记、文字的形式标明设计后的重要功能、设施及节点分布；必须有对应的图名、图例、比例尺和指北针。

⑥土地利用规划图。需标明规划红线及红线范围内土地利用规划的布局、功能、使用状况、程度及重要设施的分布等；根据国土空间规划用地分类标准，采用适当的符号、色彩和注记；植物景观需详细展示植物设计的配置方式与树种选择，并标明与水域、绿地、景观小品等要素的关系；附相应文字说明；必须有对应的图名、图例、比例尺和指北针。

⑦节点效果图。需展现水库、山塘在立体空间、景观风貌、生态环境上的设计效果，并凸显休闲游憩的特点。对于重点地段的驳岸剖面需详细展现驳岸的设计形式、材质等内容，并标明与水域、绿地、景观小品等要素的关系；附相应文字说明；必须有对应的图名、图例、比例尺和指北针。

⑧游览线路组织图。利用色彩、注记或文字的形式标明场地游览线路、等级、场地游憩服务设施、重要节点等功能及分布情况；必须有对应的图名、图例、比例尺和指北针。

⑨竖向设计图。利用等高线、标高、台阶、挡墙等形式标明场地垂直空间设计的情况；附相应文字、数字标注；必须有对应的图名、图例、比例尺和指北针。

⑩夜景灯光设计图。利用色彩、注记或文字的形式标明场地夜景灯光的分布情况；必须有对应的图名、图例、比例尺和指北针。

4.2 湖 泊

4.2.1 开发型湖泊

4.2.1.1 有堤塘型开发型湖泊

有堤塘型开发型湖泊在景观设计时应以环境保护、生态修复为前提，做到合理安排、保证资源永续利用；建议以景观生态学的基本原理为指导，保证景观的完整性；开发规模应控制在生态容量、资源容量和经济发展容量所允许的范围之内(图4.35)。

①驳岸。应充分考虑生态美观、人的亲水活动的需求。满足湖泊行洪、蓄洪的同时，尽量保留沿线的绿地景观，可利用用叠石、植物、堆坡等方式在桥基、转角水流湍急处加固，也可利用不同高度的台阶打造多层次的休憩空间(图4.36)。

②堤塘。可采用天然土坡堆叠的方式，整体形状随湖泊自然岸线延伸，形态自然和谐；部分区域可设置桥梁与其相连接，同时增加休闲设施，体现人文特色(图4.37)。

③绿道。建议分路线巧妙地应对不同游客需求，打造更为丰富的景观体验场所。道路可采用渗透性铺装，特殊道路上可用图案标注加以区分，局部可打造智慧跑道(图4.38)。

④景观及服务设施。合理布置景观及服务设施，形态上可适当凸显曲线之美，也可多采用现代化材料和工艺。此外，可融入智慧导览系统、智慧环卫、智慧零售等设施，让科技与环境进行关联互动(图4.39)。

图 4.35　有堤塘湖泊

图 4.36　有堤塘湖泊驳岸

图 4.37　有堤塘湖泊堤塘

图 4.38　有堤塘湖泊绿道

图 4.39　有堤塘湖泊景观及服务设施

⑤植被。近湖区宜配置湿生植物带，如根系发达、适应性较强、耐冲刷的水生植物，可适当选择耐涝的乔灌木、花卉、花草等，打造体现自然风光和历史传承的区域植物景观（图 4.40）。

4.2.1.2　无堤塘型开发型湖泊

无堤塘型开发型湖泊在景观设计时应以环境保护、生态修复为前提，还应充分考虑景观内涵的丰富性和延展性，精心安排近景和局部之景，注重远景和全景的设计与营造；充分利用湖区的自然条件，为游客搭建起可以变换审美视角的平台，从而丰富和强化休闲活动的审美体验（图 4.41）。

①驳岸。充分考虑生态美观、人的亲水活动的需求。满足湖泊行洪、蓄洪的同时，尽

量保留沿线的绿地景观。驳岸可与休憩平台相连接，为游客提供休亲水场所(图4.42)。

②绿道。满足防洪、堤防巡查以及便民生活的需求，与周边环境协调，绿道可与湖岸和台阶相结合，也可采用彩色透水混凝土步道等，同时赋予其不同的颜色以增加步道美观性(图4.43)。

③景观及服务设施。可多采用现代材料和工艺，结合地方文化，彰显地域特色。结合时代精神，可选取现代材料，同时增设智慧环卫设施，打造智慧服务设施(图4.44)。

④植被。植物配置建议以观赏性、多样性、四季有景为特色，采用自然式和规则式配置，注重一个或多个植物主题营造，突出植物群落空间乔-灌-草的搭配和天际线的打造(图4.45)。

图4.40　无堤塘湖泊植被

图4.41　无堤塘湖泊

图4.42　无堤塘湖泊驳岸

图4.43　无堤塘湖泊绿道

图4.44　无堤塘湖泊景观及服务设施

图4.45　无堤塘湖泊植被

4.2.2 湿地保护型湖泊

4.2.2.1 有堤塘型湿地保护型湖泊

以保护湖泊及周边环境的自然生态为前提，在湖区主要采取保留方式，保留场地自然肌理，保护自然湿地景观，同时保护生物多样性，创造多种生境和活动空间（图4.46）。

①驳岸。在材料上尽量选择透气多孔的自然材料，采用干砌工艺，以弥补土壤水体、动植物生态交换性不足的缺点，多选用当地石材，节约资金的同时体现本土风貌（图4.47）。

②堤塘。可采用天然土坡，设置软质堤塘，形状随湖泊自然岸线延伸，形态自然和谐。此外，建议采用松木桩、抛石等方法予以加固（图4.48）。

③绿道。可采用分骑行路线和步行路线的方式巧妙地应对不同游客需求，打造更为丰富的景观体验场所。道路可采用渗透性铺装，特殊道路上可用图案标注加以区分（图4.49）。

④景观及服务设施。结合环境风貌可采用传统材料和工艺，如青砖、鹅卵石及木构、土筑、白粉墙等；同时结合乡土文化，局部利用木雕等方式彰显地域特色，局部还可增设智慧环卫设施（图4.50）。

⑤植被。近湖区可配置湿生植物带，如根系发达、适应性较强、耐冲刷的水生植物，也可适当选择耐涝的乔灌木、花草，打造体现自然风光和历史传承的区域植物景观（图4.51）。

图4.46 有堤塘湖泊

图4.47 有堤塘湖泊驳岸

图4.48 有堤塘湖泊堤塘

图 4.49　有堤塘湖泊绿道

图 4.50　有堤塘湖泊景观及服务设施

图 4.51　有堤塘湖泊植被

4.2.2.2　无堤塘型湿地保护型湖泊

无堤塘型湿地保护型湖泊应重视生态的系统性，将湖泊与其周边环境、湖泊与湖泊水系视为整体来进行统筹规划设计，强调湖泊内部的完整与外部的协调，构筑完整的湖泊生态系统，以实现湖泊良性发展。设计依托场地自然景观格局，以保护自然生态环境为前提，将休闲观光与种植养护相结合，充分利用观光区内水域、湿地等景观资源，创造优美自然、生态和谐的休闲观光基地(图 4.52)。

①驳岸。建议充分考虑生态美观、人的亲水活动的需求。满足湖泊行洪、蓄洪的同时，可尽量保留沿线的绿地景观，此外，也可通过架设亲水平台为游客提供休憩之所(图 4.53)。

图 4.52　无堤塘湖泊

图 4.53　无堤塘湖泊驳岸

②绿道。满足防洪、堤防巡查以及便民生活的需求，与周边环境协调，绿道建议与湖岸相结合。可采用彩色透水混凝土步道，同时赋予其不同的颜色增加步道美观性（图4.54）。

③景观及服务设施。结合环境风貌可采用传统材料和工艺，如青砖、鹅卵石及木构、土筑、白粉墙等；同时结合乡土文化，局部可利用本土文化以雕刻的方式彰显地域特色（图4.55）。

④植被。植物配置应以观赏性、多样性、四季有景为特色，可采用自然式和规则式配置，注重一个或多个植物主题营造，注重植物群落空间乔灌草的搭配和天际线的打造（图4.56）。

图 4.54 无堤塘湖泊绿道　　图 4.55 无堤塘湖泊景观及服务设施　　图 4.56 无堤塘湖泊植被

4.2.3 开发型湖泊环境设计图纸

根据湖泊水利工程环境设计的规模、开发建设要求确定合理的图纸比例尺，一般为1∶100~1∶500，可根据实际情况补充其他图纸。

①区位图。需标明湖泊的自然地理区位，即场地在国内、省内及具体城镇的位置，并标明与周边环境的关系；附相应文字说明。

②土地利用现状图。需标明规划红线及红线范围内现状土地利用的状况、程度及分布等；根据国土空间规划的用地分类标准，采用适当的符号、色彩和注记；需标明湖泊环境状况、交通状况、绿地状况等现状的调查分析；附相应文字说明。

③总平面图。需标明设计范围红线，标明湖泊设计、管理、协调区等范围及周边环境；利用注记、文字的形式标明设计后的用地、功能、设施及节点分布；必须有对应的图名、图例、比例尺和指北针。

④土地利用规划图。需标明规划红线及红线范围内规划后土地利用的状况、程度及分布等；根据国土空间规划的用地分类标准，采用适当的符号、色彩和注记。

⑤分区设计图。利用色彩、注记或文字的形式标明场地的不同功能分区情况；必须有对应的比例尺和指北针。分区平面、分区竖向设计等需标明各区的详细设计内容；利用注记、文字的形式标明设计后的节点分布；必须有对应的图名、图例、比例尺和指北针。

⑥景观及服务设施规划图。利用色彩、注记或文字的形式标明场地景观服务设施的分

布情况；必须有对应的图名、图例、比例尺和指北针。

⑦竖向设计图。利用等高线、标高、台阶、挡墙等形式标明场地在垂直空间上的设计情况；附相应文字、数字说明。

⑧节点效果图。需展现湖泊在立体空间上的设计效果，并凸显开发型湖泊的特点。对于重点地段驳岸设计的断面，需详细展现驳岸的设计形式、材质等内容，并标明与水域、绿地、景观小品等要素的关系；附相应文字说明。

⑨植物景观设计图。需详细展示植物的配置方式与树种选择，并标明与水域、绿地、景观小品等要素的关系；附相应文字说明。

⑩夜景灯光设计图。利用色彩、注记或文字的形式标明场地夜景灯光的分布情况；必须有对应的图名、图例、比例尺和指北针。

4.2.4 湿地保护型湖泊环境设计图纸

根据湖泊水利工程环境设计的规模、生态湿地保护要求确定合理的图纸比例尺，一般为1∶100~1∶500，可根据实际情况补充其他图纸。

①区位图。需标明湖泊的自然地理区位，即场地在国内、省内及具体城镇的位置，并标明与周边环境的关系；附相应文字说明。

②土地利用现状图。需标明规划红线及红线范围内现状土地利用的状况、程度及分布等；根据国土空间规划用地分类标准，采用适当的符号、色彩和注记。

③现状分析图。需标明湖泊的环境状况、交通状况、绿地状况等现状的调查分析；附相应文字说明。

④总平面图。需标明设计范围红线；标明湖泊设计、管理范围、协调区范围等周边环境；利用注记、文字的形式标明设计后的总体空间布局、主要节点、重要设施及节点分布；必须有对应的图名、图例、比例尺和指北针。

⑤功能分区图。利用色彩、注记或文字的形式标明场地的不同功能分区情况；必须有对应的图名、图例、比例尺和指北针。

⑥分区设计图。其包括分区平面图、分区竖向设计图等，需标明各区的详细设计内容；利用注记、文字的形式标明设计后的节点分布；必须有对应的图名、图例、比例尺和指北针。

⑦土地利用规划图。需标明规划红线及红线范围内规划后土地利用的状况、程度及分布等；根据国土空间规划用地分类标准，采用适当的符号、色彩和注记。

⑧湿地保护规划图。需标明湖泊在设计范围内场地的湿地保护规划状况；利用色彩、注记或文字的形式标明湿地保护规划要点；附相应文字说明。

⑨植物景观设计图。需详细展示植物的配置方式与树种选择，凸显湿地的特点，并标明与水域、绿地、景观小品等要素的关系；附相应文字说明。

⑩节点效果图。需展现湖泊在立体空间上的设计效果，并凸显生态湿地的特点。对于重点地段的驳岸设计断面，需详细展现驳岸的设计形式、材质等内容，并标明与水域、绿

地、景观小品等要素的关系；附相应文字说明。

4.3 河 道

4.3.1 休闲游憩型河道

4.3.1.1 绿带宽度0~10m——标准段

适用地区：适用于周边为城市、村庄风貌，人流聚集度较高，有停船需求、休闲游憩和亲水活动功能需求的休闲游憩型河道。

应保障河道行洪安全和游览安全，在此基础上将景观游憩功能融入河道景观建设之中，为周边居民和游客提供游憩观景的场所(图4.57)。

①驳岸。建议在满足河道行洪、蓄洪的同时充分考虑生态美观、人的亲水活动的需求，还可设置栏杆保障安全。可采用干砌块石等较为自然的驳岸形态，注重生态性和景观性(图4.58)。

②绿道。满足防洪、堤防巡查以及便民生活的需求，可选用石板、木材等自然材料，与周边环境协调。沿路可设置路灯、栏杆等设施保障安全，与景观及服务设施呼应(图4.59)。

③景观及服务设施。其应融入周边整体环境，可多采用传统材料和工艺，如防腐木等，彰显本土地域特色。结合周边居民游客使用需求，设置码头等亲水设施和健康智能传感设施(图4.60)。

④植被。植物配置建议以多样性、四季有景为特色，可采用自然式配置，兼顾遮阴功能。滨水可适当种植滨水植物，起到净化水质的效果，同时美化驳岸景观(图4.61)。

图4.57 休闲游憩型河道　　　图4.58 休闲游憩型河道驳岸

图 4.59　休闲游憩型河道绿道

图 4.60　休闲游憩型河道景观及服务设施

图 4.61　休闲游憩型河道植被

4.3.1.2　绿带宽度 10~20m——标准段

适用地区：适用于周边为城乡结合风貌，同时有一定历史文化底蕴，人流聚集度一般，有适量休闲游憩需求和亲水功能需求的休闲游憩型河道。

在空间尺度设计上以人为本，可运用对称均衡、节奏韵律、对比统一等原则，使河道、绿地与周边环境和谐交融。运用植物、地形等景观要素构造变化的立体空间，使得河道整体环境在美观的基础上合乎人的使用习惯(图 4.62)。

①驳岸。可采用自然驳岸加松木桩以稳固水岸体，兼顾生态性、安全性和景观性。满足河道行洪。蓄洪的同时充分考虑生态美观、人的亲水活动的需求(图 4.63)。

图 4.62　休闲游憩型河道

②绿道。满足防洪、堤防巡查以及便民生活的需求，可选用防腐木等较为自然的材料，与周边环境协调。可利用台阶沟通上下绿道空间，营造丰富的游线体验(图4.64)。

图4.63 休闲游憩型河道驳岸

图4.64 休闲游憩型河道绿道

③景观及服务设施。可采用传统材料，如木材、石材等，同时结合乡土文化，采用地方造型，彰显本土地域特色。可设置亲水平台、景观灯、智慧标牌和座椅等满足居民、游客使用需求(图4.65)。

④植被。植物配置建议以观赏性、多样性、四季有景为特色，可采用自然式配置。滨水应适当种植滨水植物，达到净化水质、生态修复的效果，同时美化驳岸景观(图4.66)。

图4.65 休闲游憩型河道景观及服务设施

4.3.1.3 绿带宽度20~30m——标准段

适用地区：适用于周边为城市风貌，以现代为景观主题，与城市道路结合紧密，人流聚集度较高，有较高游憩需求的休闲游憩型河道。结合地形与周边环境，搭建沿

图4.66 休闲游憩型河道植被

河绿道体系，配套景观及服务设施，为市民游客提供休闲散步、锻炼身体的场地（图4.67）。

①驳岸。满足河道行洪、蓄洪的同时，需满足生态美观、人的亲水活动的需求，应设置栏杆保障安全，也可采用浆砌块石的驳岸形态，但应该满足生态性和景观性要求（图4.68）。

②绿道。满足防洪、堤防巡查以及便民生活的需求，可选用广场砖等材料，与周边现代化环境协调。绿道线型宜简洁流畅，可通过台阶沟通步道与机动车道，与周边环境协调（图4.69）。

③景观及服务设施。可结合周边自然社会环境，选取现代材料，采用大胆鲜艳的色彩和简约现代的造型，体现本土现代化的创新精神和魅力（图4.70）。

④植被。植物配置建议以观赏性、多样性、四季有景为特色，可采用自然式和规则式结合配置，注重植物群落空间变化和乔-灌-草的搭配。滨水应适当种植滨水植物，达到净化水质、生态修复的效果，同时美化驳岸景观（图4.71）。

图4.67　休闲游憩型河道

图4.68　休闲游憩型河道驳岸

图4.69　休闲游憩型河道绿道

图4.70　休闲游憩型河道景观及服务设施

图4.71　休闲游憩型河道植被

4.3.1.4 绿带宽度30m以上——标准段

适用地区：适用于周边为城市风貌，人流聚地度较高，有较高游憩需求和亲水需求的休闲游憩型河道。

应重视河道功能的多样性，完善河道调节生态、防洪排涝的基础功能；建设市民游客日常休憩、观景游玩的使用功能；同时发掘河道历史底蕴，弘扬时代精神，发挥其文化功能(图4.72)。

①驳岸。满足河湖行洪蓄洪的同时需考虑生态美观、人的亲水活动的需求，同时可设置栏杆保障安全；也可采用浆砌块石的驳岸形态，但应要满足生态性和景观性要求(图4.73)。

②绿道。满足防洪、堤防巡查以及便民生活的需求，可选用广场砖等材料，与周边现代化环境协调。可通过台阶连接上下空间，利用植物景观分隔亲水步道与城市道路(图4.74)。

③景观及服务设施。可结合周边自然社会环境，选取现代材料，可适当采用大胆鲜艳的色彩，结合本土文化特色符号，将传统与现代融合，体现当地深厚历史文化底蕴和时代创新精神(图4.75)。

图4.72 休闲游憩型河道

图4.73 休闲游憩型河道驳岸

图4.74 休闲游憩型河道绿道

④植被。植物配置建议以观赏性、多样性、四季有景为特色，可采用自然式和规则式结合配置，注重植物群落空间变化和乔-灌-草的搭配。滨水应适当种植滨水植物，达到净化水质、生态修复的效果，同时美化驳岸景观（图4.76）。

图4.75 休闲游憩型河道景观及服务设施

图4.76 休闲游憩型河道植被

4.3.2 自然生态型河道

4.3.2.1 绿带宽度0~10m——标准段

适用地区：适用于周边为乡村自然风貌，人流聚集度低，仅有基本休闲需求的自然生态型河道。

河岸设计应满足水体自身的生态环境、生态修复的要求，如水体生物多样性、水域形态多样性。因地制宜，尽量遵循自然河道的规律，营造生态型驳岸，在适应当地地形的前提下尽可能地多样化布置，力求凸显地方特色，使得环境与河道景观和谐统一并具有独特性（图4.77）。

图4.77 自然生态型河道

图 4.78　自然生态型河道驳岸

图 4.79　自然生态型河道绿道

图 4.80　自然生态型河道绿道

图 4.81　自然生态型河道植被

①驳岸。可采用自然土质岸坡，减少对驳岸硬化，在材料上可选择透气多孔的自然材料和当地石材，也可采用干砌工艺；在外观美化上可采用覆盖绿植和贴面等方式（图4.78）。

②景观及服务设施。可采用自然材料，减少对原有生态环境的影响，建议多使用乡土材料，如木材、仿木质材料等。维护设施与绿道结合，保障居民游客使用安全（图4.79）。

③绿道。适合游人行、走、慢跑的道路，宜采用具有一定弹性和耐候性的彩色塑胶步道等。步道可与自行车骑行道结合，可利用不同色彩的路面进行区分，提供多样化的休闲锻炼空间（图4.80）。

④植被。综合利用生态型护岸，在驳岸表面可覆盖绿植，体现生态美观性的同时稳固水土。陆上可选择经济性较强的乡土树种，以自然式配置为主，注重四季林相变化（图4.81）。

4.3.2.2　绿带宽度10~20m——标准段

适用地区：适用于周边为乡村自然风貌，人流聚集度一般，具有适量休闲需求的自然生态型河道。

修复河道原有自然生态体系，利用其本底驳岸、植被净化水体，适当建设服务设施、景观元素，打造自然生态、水清景美的河道景观(图4.82)。

①驳岸。驳岸形态应与周边自然环境相契合，在材料上可选择透气多孔的自然材料和当地石材，也可采用干砌工艺；在外观美化上可采用覆盖绿植和贴面等方式(图4.83)。

②绿道。自然生态型河道区域绿道可采用青石板等铺装，给人一种古朴自然、返璞归真的感觉。同时可利用绿植覆盖挡墙，处理河岸高差，兼顾生态性和美观性(图4.84)。

图4.82　自然生态型河道

图4.83　自然生态型河道驳岸

图4.84　自然生态型河道绿道

图4.85　自然生态型河道景观设施

③景观及服务设施。可利用乡土材料如茅草、木材等构建景观亭,同时可沿绿道设置标志牌、垃圾箱等服务设施,尽量采用自然材料和乡土造型,融入自然环境(图 4.85)。

④植被。综合利用生态型护岸,在驳岸表面可覆盖绿植,滨水可适当种植滨水植物,起到净化水质的功能,同时美化驳岸景观。陆上可选择经济性较强的乡土树种,以自然式配置为主,注重四季林相变化(图 4.86)。

图 4.86　自然生态型河道植被

4.3.2.3　绿带宽度 20~30m——标准段

适用地区:适用于周边为原生自然风貌,水陆植物原生群落丰富,人流聚集度极低,无休闲游憩功能的自然生态型河道。

河道驳岸可采用天然土坡、草皮缓坡,依据河岸的表面起伏。顺其曲而曲,随其转而转,保持河道自然的河滩河岸,保留河道本身自然朴实的面貌。缓坡上种植各种乔木、灌木、草坪相结合,疏林草地、便于观景(图 4.87)。

①驳岸。驳岸可采用自然土质岸坡,减少对驳岸硬化,可采用天然草坡入水,依据河岸的表面起伏,保持河道自然的河滩河岸,保留河道本身自然朴实的面貌。部分存在岸体

图 4.87　自然生态型河道

不稳的河段可适当采用直立挡墙进行加固(图4.88)。

②植被。自然生态型河道陆上可选择经济性较强的乡土树种，以自然式配置为主，注重四季林相变化。缓坡上可采用乔木、灌木、草坪相结合的方式。滨水可采用造型乌桕等湿生树种，与水生植物群落呼应，起到净化水质的功能，同时美化驳岸景观。在驳岸表面可覆盖绿植，体现生态美观性同时稳固水土，防止水

图4.88　自然生态型河道驳岸

土流失。河道可适当布置水生植物，起到净化水质、生态修复的功能，同时美化河道景观(图4.89)。

图4.89　自然生态型河道植被

4.3.2.4　绿带宽度30m以上——标准段

适用地区：适用于周边为乡村自然风貌，有文化底蕴的，人流聚集度较低，具有基本休闲游憩功能的自然生态型河道。

植物造景应以河道原有植物群落为本底，尽量不影响其植物生态系统，在植物景观造景时可多采用适应性强且外形美观的乡土性植物，禁止种植对生态系统有不良影响的外来植物。

综合调查周边农业水利灌溉情况，与河道水文、农田灌溉沟渠等相结合，整修驳岸、清理淤泥，修复植被系统稳固水土，保障河道水流顺畅、净化水质(图4.90)。

①驳岸。驳岸形态应与周边自然环境相契合，在材料上可选择透气多孔的自然材料和当地石材，也可采用干砌工艺；在外观美化上可采用覆盖绿植和贴面等方式(图4.91)。

图4.90　自然生态型河道

　　②景观及服务设施。可利用乡土材料如茅草等构建景观小品,如农人耕种造型,与周边乡村风貌相契合,展现本土历史文化底蕴。同时可利用木质标志标牌,宣传水利科普知识(图4.92)。

　　③绿道。适合游人行走慢跑的道路宜采用具有一定弹性和耐候性的彩色塑胶步道等,步道可与自行车骑行道结合,利用不同色彩的路面进行区分,提供多样化的休闲锻炼空间(图4.93)。

　　④植被。滨水可采用造型乌桕等湿生树种,与水生植物群落呼应,起到净化水质的功能;在驳岸表面覆盖绿植,体现生态性和美观性的同时稳固水土;陆上可选择经济性较强的乡土树种,以自然式配置为主,注重四季林相变化(图4.94)。

图4.91　自然生态型河道驳岸　　　　图4.92　自然生态型河道景观及服务设施

图4.93　自然生态型河道绿道

图4.94　自然生态型河道植被

4.3.3　休闲游憩型河道环境设计图纸

根据河道水利工程环境设计的规模、休闲游憩开发要求确定合理的图纸比例尺，一般为 1：100～1：500，可根据实际情况补充其他图纸。

①区位图。需标明河道的自然地理区位，即场地在国内、省内及具体城镇的位置，并标明与周边环境的关系；附相应文字说明。

②土地利用现状图。需标明规划红线及红线范围内现状土地利用的状况、程度及分布等；根据国土空间规划用地分类标准，采用适当的符号、色彩和注记。需标明河道的环境状况、交通状况、绿地状况等现状的调查分析；附相应文字说明。

③总平面图。需标明设计范围红线；标明设计范围、管理范围、协调区范围等周边环境；利用注记、文字的形式标明设计后总体空间布局、主要节点、重要设施及节点分布；必须有对应的图名、图例、比例尺和指北针。

④功能分区图。利用色彩、注记或文字的形式标明场地的不同功能分区情况；分区平面图、分区竖向设计图等，需标明各区的详细设计内容；利用注记、文字的形式标明设计后的节点分布；必须有对应的图名、图例、比例尺和指北针。

⑤游览线路组织图。利用色彩、注记或文字的形式标明场地游览线路、功能、服务设施等分布情况；必须有对应的图名、图例、比例尺和指北针。

⑥土地利用规划图。需标明规划红线及红线范围内规划后土地利用的状况、程度及分布等；根据国土空间规划用地分类标准，采用适当的符号、色彩和注记。

⑦游憩设施规划图。利用色彩、注记或文字的形式标明场地游憩设施的分布情况；在植物景观设计中，需详细展示植物的配置方式与树种选择，并标明与水域、绿地、景观小品等要素的关系；附相应文字说明。必须有对应的图名、图例、比例尺和指北针。

⑧竖向设计图。利用等高线、标高、台阶、挡墙等形式标明场地在垂直空间上的设计情况；附相应文字、数字说明。

⑨节点效果图。需展现河道在立体空间上的设计效果，并凸显休闲游憩型河道的特点。对于重点地段的驳岸设计断面，需详细展现驳岸的设计形式、材质等内容，并标明与水域、绿地、景观小品等要素的关系；附相应文字说明。

⑩夜景灯光设计图。利用色彩、注记或文字的形式标明场地夜景灯光的分布情况；必须有对应的图名、图例、比例尺和指北针。

4.3.4　自然生态型河道环境设计图纸

根据河道水利工程环境设计的规模、自然生态保护要求确定合理的图纸比例尺，一般为 1：100～1：500，可根据实际情况补充其他图纸。

①区位图。需标明河道的自然地理区位，即场地在国内、省内及具体城镇的位置，并标明与周边环境的关系；附相应文字说明。

②土地利用现状图。需标明规划红线及红线范围内现状土地利用的状况、程度及分布

等；根据国土空间规划用地分类标准，采用适当的符号、色彩和注记。需标明河道的环境状况、交通状况、绿地状况等现状的调查分析；附相应文字说明。

③总平面图。需标明设计范围红线；需标明设计范围、管理范围、协调区范围等周边环境；利用注记、文字的形式标明设计后总体空间布局、主要节点、重要设施及节点分布；必须有对应的图名、图例、比例尺和指北针。

④功能分区图。利用色彩、注记或文字的形式标明场地的不同功能分区情况；分区平面、分区竖向设计等需标明各区的详细设计内容；利用注记、文字的形式标明设计后的节点分布；必须有对应的图名、图例、比例尺和指北针。

⑤节点效果图。需展现河道在立体空间上的设计效果，并凸显自然生态的特点。

⑥土地利用规划图。需标明规划红线及红线范围内规划后土地利用的状况、程度及分布等；根据国土空间规划用地分类标准，采用适当的符号、色彩和注记。

⑦生态保护规划图。需标明设计范围内场地的生态保护规划状况；利用色彩、注记或文字的形式标明生态保护规划要点；附相应文字说明。

⑧驳岸设计断面图。需详细展现驳岸的设计形式、材质等内容，并标明与水域、绿地、景观小品等要素的关系；附相应文字说明。

⑨植物景观设计图。需详细展示植物的配置方式与树种选择，凸显自然生态的特点，并标明与水域、绿地、景观小品等要素的关系；附相应文字说明。

4.4 水工建（构）筑物

4.4.1 泵闸站

4.4.1.1 大型建筑式泵闸站

满足传统意义上交通连接和用水防水调控的功能需求；并充分考虑它可能带来的公共性延展，利用桥与闸门双向间隙和高差，适时地再嵌入一条多维的 Z 字形路径，错落起伏于不同建（构）筑物之间或之上，使水闸成为一个可通行、可观赏、可体验的日常公共空间（图 4.95）。

①泵闸站主体结构。交通桥、泵房及管理房风格应统一，与周边环境相协调，交通桥建议考虑人的通行及活动需求，同时进行围护和美化。可利用泵闸站顶部空间作为服务公众的日常公共空间，融入休闲、服务、科普等更多功能性质，供当地居民或游客使用，成为社区的日常休闲和教育、商业的公共场所（图 4.96）。

②景观及服务设施。可适当增加灯光装置营造夜景效果，兼顾照明与景观功能；但不宜过度使用灯光装置，以免对周边区域造成光污染；结合建筑可增加视频、安全检测和智慧环卫等设施（图 4.97）。

③植被。护坡美化宜使用生态型材料和做法，以打造生态且美丽的护坡景观（图 4.98）。

图 4.95　大型建筑式泵闸站

图 4.96　大型建筑式泵闸站主体结构

图 4.97　大型建筑式泵闸站景观及服务设施

图 4.98　大型建筑式泵闸站植被

4.4.1.2　中型建筑式泵闸站

在不影响泵闸站调控水位的功能的前提下，对其泵房、管理建筑进行美化，融入双坡屋顶这一建筑元素；并充分利用周边绿地空间，使泵闸站成为一个供居民、游客进行科普教育、休闲娱乐的公共空间。周边宜选择乡土植物进行植物景观营造(图 4.99)。

①泵闸站主体结构。管理建筑和泵房建筑风格应统一，基础造型可采用双坡屋顶，局部采用镂空设计。可利用泵闸站交通桥及周边空间作为服务公众的日常公共空间，融入更

多功能性质，供当地居民或游客使用，成为社区的日常休闲和教育、商业的公共场所（图4.100）。

②景观及服务设施。可适当增加灯光装置营造夜景效果，兼顾照明与景观功能；建议增加护栏、座椅、标志牌等景观及配套设施（图4.101）。

③植被。宜选用耐水湿、易存活、耐粗放管理的乡土植物，也可适当引进经长期栽培适用于本地生长的外来树种（图4.102）。

图4.99 中型建筑式泵闸站

图4.100 中型建筑式泵闸站主体结构

图4.101 中型建筑式泵闸站景观　　　　图4.102 中型建筑式泵闸站植被
及服务设施

4.4.1.3 小型建筑式泵闸站

在不影响泵闸站调控水位的功能的前提下，对其泵房、管理建筑和交通桥进行美化，融入当地建筑元素；并充分利用交通桥及周边绿地空间，打造对公共开放的休闲游憩空间。对周边植物景观进行规划设计，考虑色相和季相，尽量运用乡土植物（图4.103）。

①泵闸站主体结构。根据泵闸站的等级及周边环境风貌，明确其主体结构设计风格，闸房、泵房及管理服务建筑应统一设计元素，与周边环境相协调，可融入周边人文因素，并考虑人的通行及活动需求。可利用交通桥空间作为公共游憩空间，为居民和游客提供科

普、游憩、交谈等场所(图4.104)。

②景观及服务设施。可利用交通桥及周边环境设置公共活动空间,配置相应设施。从周边居民行为的安全性、尺度感和环境设施的标志性等方面来创造多样化的泵闸站休闲场所,同时应注重环境小品的装饰性,并与实用性紧密结合(图4.105)。

③植被。护坡美化宜采用生态型材料和做法,打造生态且美丽的护坡景观。周边植物宜选用耐水湿、易存活、耐粗放管理的乡土植物,也可适当引进经长期栽培适用于本地生长的外来树种,适当运用立体绿化进行墙体美化。考虑植物景观的色相、季相和生长周期,因地制宜打造植物景观(图4.106)。

图4.103　小型建筑式泵闸站

图4.104　小型建筑式泵闸站主体结构

图4.105　小型建筑式泵闸站景观及服务设施

图4.106　小型建筑式泵闸站植被

4.4.1.4　中型简单构筑式泵闸站

在不影响泵闸站调控水位的功能的前提下,在泵闸站上方架设建(构)筑物,融入歇屋顶这一建筑元素,运用茅草、木材等乡土材料,可在水闸周边修建绿道供居民、游客健身娱乐,也可运用生态护坡保护水体,种植耐水湿、易存活和粗放管理的植物,营造植物景观(图4.107)。

①泵闸站主体结构。根据周边环境风貌,应明确设计风格,统一设计元素,可运用体现当地特色的茅草、木材等乡土材料,建筑造型应与环境相适应,并融入周边人文因素,考虑人的通行及活动需求(图4.108)。

②景观及服务设施。在泵闸站上方搭建(构)筑物,可设置观景平台作为公共活动空间,配置相应设施,可建设绿道完善交通可达性。应考虑设施的安全性、尺度感和环境设

施的标志性，同时注重环境小品的装饰性，并与实用性紧密结合(图4.109)。

③植被。护坡美化使用生态型材料和做法，以打造生态且美丽的护坡景观。周边植物宜选用耐水湿、易存活、耐粗放管理的乡土植物，如芦苇、蒲苇等观赏草；考虑植物景观的色相、季相和生长周期，因地制宜打造植物景观(图4.110)。

图4.107　中型简单构筑式泵闸站

图4.108　中型简单构筑式泵闸站主体结构

图4.109　中型简单构筑式泵闸站景观及服务设施

图4.110　中型简单构筑式泵闸站植被

4.4.1.5　小型简单构筑式泵闸站

在不影响泵闸站调控水位的功能的前提下，在泵闸站上方修建凉亭，其建筑造型古典秀丽，与周边环境相协调；并设置座椅、标志牌、护栏等景观及配套设施。在水系周边种植水生和湿生植物营造植物景观(图4.111)。

图4.111　小型简单构筑式泵闸站

①泵闸站主体结构。在不破坏泵闸站主题主体结构和功能的前提下，根据周边环境风貌，建议统一设计元素，可运用体现当地特色的小青瓦、木材等乡土材料，建筑造型可采用古朴秀丽的凉亭建筑，并融入周边人文因素，考虑人的通行及活动需求(图 4.112)。

②景观及服务设施。可在泵闸站上方搭建(构)筑物，设置休憩凉亭作为公共活动空间，配置相应座椅、标志牌、护栏等设施。应注重设施的安全性、尺度感和标志性，同时注重环境小品的装饰性，并与实用性紧密结合(图 4.113)。

③植被。护坡美化宜使用生态型材料和生态型做法，以打造生态美丽的护坡景观。周边植物宜选用耐水湿、易存活、耐粗放管理的乡土植物，如芦苇、蒲苇等观赏草；考虑植物景观的色相、季相和生长周期，因地制宜打造植物景观(图 4.114)。

4.4.1.6 中型观景台式泵闸站

在不影响泵闸站功能的前提下，统一设计元素，对其交通桥、泵房、管理建筑进行美化，可运用塑木等现代材料，设置上下两层观景平台，为居民、游客提供休闲游憩、科普教育的场所。植物方面可选用耐水湿、易存活、耐粗放管理的乡土植物营造植物景观(图 4.115)。

①泵闸站主体结构。根据周边环境风貌，统一设计元素，可运用木栅格等材料，可移动，方便后期维修。建筑造型宜灵动现代，并融入周边人文因素。应考虑人的通行及活动需求，美化交通桥，开放闸站管理房，可设置上下两层观景平台，供游客观景远眺、休憩交谈(图 4.116)。

图 4.112 小型简单构筑式泵闸站主体结构

图 4.113 小型简单构筑式泵闸站景观及服务设施

图 4.114 小型简单构筑式泵闸站植被

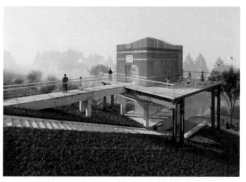

图 4.115 中型观景台式泵闸站

图 4.116　中型观景台式泵闸站主体结构

图 4.117　中型观景台式泵闸站景观及服务设施

图 4.118　中型观景台式泵闸站植被

图 4.119　小型观景台式泵闸站

②景观及服务设施。连通交通桥，可设置观景平台并配置相应座椅、标志牌、护栏等设施。应注重设施的安全性、尺度感和标志性，同时注重环境小品的装饰性，并与实用性紧密结合。结合座椅设置无线 WiFi 设备、智慧导览及健康智能传感设施，满足游客多种现代化体验需求(图 4.117)。

③植被。护坡美化应使用生态型材料和做法，打造生态且美丽的护坡景观。周边植物宜选用耐水湿、易存活、耐粗放管理的乡土植物，如芦苇、蒲苇等观赏植物；考虑植物景观的色相、季相和生长周期，因地制宜打造植物景观(图 4.118)。

4.4.1.7　小型观景台式泵闸站

在不影响泵闸站调控水位的功能的前提下，保证其结构安全性，选择适宜的建筑风格，在泵闸站上方建造凉亭建筑，运用木材等当地材料；并设置观景平台，为市民游客提供休闲游憩、科普教育的场所。选用耐水湿、易存活、宜粗放管理的乡土植物营造植物景观(图 4.119)。

①泵闸站主体结构。建议统一设计元素，可建造古典秀丽的凉亭，融入周边人文因素。考虑人的通行及活动需求，美化交通桥，设置如观景平台等供游客观景远眺、休憩交谈(图 4.120)。

②景观及配套设施。连通交通桥，可设置观景平台并配置相应座椅、标志牌、护栏等设施。应注重设施的安全性、尺度感和标志性，同时注重环境小品的装饰性，并与实用性紧密结合。还可在局部区域设置水位流量水质监测设施(图 4.121)。

图 4.120　小型观景台式泵闸站主体结构　　图 4.121　小型观景台式泵闸站景观及服务设施

③植被。护坡美化宜使用生态型材料，打造生态美丽的护坡景观。周边植物宜选用耐水湿、易存活、宜粗放管理的乡土植物，如芦苇、蒲苇等观赏植物；考虑植物景观的色相、季相和生长周期，因地制宜打造植物景观(图 4.122)。

4.4.1.8　大型桥闸结合式泵闸站

可提取连绵山峦的意向和民居的屋顶形式，演绎成连绵起伏的坡屋顶，营造出一幅水墨山水画意境。可开放桥体建筑空间作为公共活动

图 4.122　小型观景台式泵闸站植被

空间，承载科普教育、节庆活动、购物娱乐等活动。在泵闸站周边营造植物景观，优化生态环境(图 4.123)。

①泵闸站主体结构。根据周边环境风貌，运用桥闸结合的方式，统一设计元素，可提取山峦连绵的形态做建筑外形，并融入周边人文因素。开放桥闸空间可作为服务公众的日常公共空间，可对有条件开放的水利基础设施融入更多功能性质，供当地居民或游客使用，成为社区的日常休闲和教育、商业的公共场所(图 4.124)。

图 4.123　大型桥闸结合式泵闸站

②景观及服务设施。在建筑内可设置观景平台和活动空间,并配置相应座椅、标志牌、护栏等设施,局部可增加健康智能传感设施。应注重设施的安全性、尺度感和标志性,同时注重环境小品的装饰性,并与实用性紧密结合(图 4.125)。

③植被。周边植物宜选用耐水湿、易存活、耐粗放管理的乡土植物;考虑植物景观的色相、季相和生长周期,因地制宜打造植物景观(图 4.126)。

4.4.1.9 中型桥闸结合式泵闸站

在不影响泵闸站调控水位的功能和结构安全的前提下,统一设计元素,对其交通桥、泵房、管理建筑等进行美化;利用泵闸站顶部空间,设置户外座椅、垃圾桶等设施,为居民、游客提供休闲游憩、科普教育的场所,同时配备灯光装置、打造夜景效果。宜选用耐水湿、易存活、宜粗放管理的乡土植物营造植物景观(图 4.127)。

图 4.124 大型桥闸结合式泵闸站主体结构

图 4.125 大型桥闸结合式泵闸站景观及服务设施

图 4.126 大型桥闸结合式泵闸站植被

图 4.127 中型桥闸结合式泵闸站

①泵闸站主体结构。根据周边环境风貌，运用桥闸结合的方式，统一设计元素。开放桥闸建筑顶部空间可作为服务公众的日常公共空间，可对有条件开放的水利基础设施融入更多功能性质，供当地居民或游客使用，成为社区的日常休闲和教育、商业的公共场所（图4.128）。

②景观及服务设施。在桥闸建筑顶部可设置观景平台和活动空间，并配置相应户外座椅、标志牌、护栏、垃圾桶等设施。应注重配套设施的安全性、尺度感和标志性，同时注重环境小品的装饰性，并与实用性紧密结合。局部可增加无线 WiFi 覆盖及健康智能传感设施，增加游客现代化体验（图4.129）。

③植被。护坡美化宜使用生态型材料和做法。周边植物宜选用耐水湿、易存活、宜粗放管理的乡土植物，如芦苇、蒲苇等观赏植物；考虑植物景观的色相、季相和生长周期，因地制宜打造植物景观（图4.130）。

4.4.1.10 大型翻板闸式泵闸站

翻板闸式泵闸站结构相对简单，保证其结构的安全性，可在其周边设置人行步道供游客欣赏水势高差形成的瀑布景观；条件允许时可将翻板闸进行隐藏设计。周边区域选用耐水湿、易存活、耐粗放管理的乡土植物营造植物景观（图4.131）。

图 4.128 中型桥闸结合式泵闸站主体结构

图 4.129 中型桥闸结合式泵闸站景观及服务设施

图 4.130 中型桥闸结合式泵闸站植被

图 4.131 大型翻板闸式泵闸站

①泵闸站主体结构。翻板闸的管理设备可隐藏在闸墩处或进行其他美化设计，当不可隐藏时，可借由水位的高差形成良好的瀑布景观(图4.132)。

②景观及服务设施。可在翻板闸一侧设置人行桥等水上交通设施的方式弱化水工设施对环境的影响，成为观景空间，其水上交通形式和造型与河湖风貌相协调，还可在局部增加水位、流量、水质、安全检测等设施(图4.133)。

③植被。护坡美化宜使用生态型材料。周边植物可选用耐水湿、易存活、宜粗放管理的乡土植物，如芦苇、蒲苇等观赏植物，同时因地制宜打造植物景观(图4.134)。

4.4.1.11　中型翻板闸式泵闸站

翻板闸结构相对简单，可在其上方设置景观桥将其隐藏，根据周边环境确定景观桥的风格和材料，利用两侧空间设置户外座椅、垃圾桶等设施，为居民、游客提供休闲游憩、科普教育的场所。配备灯光装置，打造夜景效果。选用耐水湿、易存活、宜粗放管理的乡土植物营造植物景观(图4.135)。

①泵闸站主体结构。在翻板闸上方可架设景观步行桥，将翻板闸进行隐藏，同时连通两岸空间。根据周边环境风貌，建议明确步行桥的风格，造型可轻盈柔美，也可运用塑木等新型材料(图4.136)。

图4.132　大型翻板闸式泵闸站主体结构

图4.133　大型翻板闸式泵闸站景观服务设施

图4.134　大型翻板闸式泵闸站植被

图4.135　中型翻板闸式泵闸站

②景观及服务设施。在景观步行桥周边区域可设置活动空间，并配置相应户外座椅、标志牌、护栏、垃圾桶等设施。应注重配套设施的安全性、尺度感和标志性，同时注重环境小品的装饰性，并与实用性紧密结合(图4.137)。

图4.136　中型翻板闸式泵闸站主体结构

③植被。护坡美化宜使用生态型材料和生态型做法。周边植物宜选用耐水湿、易存活、宜粗放管理的乡土植物，如芦苇、蒲苇等观赏植物；考虑植物景观的色相、季相和生长周期，因地制宜打造植物景观(图4.138)。

图4.137　中型翻板闸式泵闸站景观及服务设施

图4.138　中型翻板闸式泵闸站植被

4.4.2　景观堰

设计结合周边环境，堰坝可结合鱼鳞跌水，并融入当地文化和历史；水岸通过栽植水生植物修复水体生态功能，并提升区域整体生态景观面貌。可设置景观廊桥、观景亭为游客提供休闲游憩场所(图4.139)。

①堰坝。需满足河道防洪要求，不改变原有堰高、堰宽等基础条件。仅对堰坝坡面、形式布局进行重新塑造，结合游步道、景观小品设施并融合周边环境的统一打造，在材料上可选用天然材料(图4.140)。

②游步道。游步道宜与坝体相连，使其成为连接两岸的通道。步道宜沿水体布置，并串联周边景点，根据实际情况，在步道周边可设置亲水平台等亲水设施(图4.141)。

③景观小品设施。造型宜典雅，与堰坝形态的组成元素进行呼应。除美观外，还应具有一定实用性，同时也可将生态意识融入小品材料选择中，展现其生态性，发挥其在生态性应用上的潜能，此外还可增加指挥导览设施(图4.142)。

④植被。宜选用耐水湿、易存活、宜粗放管理的乡土植物，也可适当引进经长期栽培适用于本地生长的外来树种，形成和谐发展的植物群落(图4.143)。

图 4.139　景观堰

图 4.140　景观堰坝

图 4.141　景观堰游步道

图 4.142　景观堰景观及服务设施

图 4.143　景观堰植被

4.4.3　泵闸站环境设计图纸

根据泵闸站水利工程环境设计的规模、建设要求确定合理的图纸比例尺，一般为1∶100~1∶500，可根据实际情况补充其他图纸。

①区位图。需标明泵闸站的自然地理区位，即场地在国内、省内及具体城镇的位置，并标明与周边环境的关系；附相应文字说明。

②现状分析图。需标明泵闸站状况、周边用地、建筑、管线、绿地状况等现状的调查分析；附相应文字说明。

③设计范围图。需标明泵闸站的设计范围红线及指北针。

④总平面图。需标明设计范围、管理范围、协调区范围等周边环境；利用注记、文字的形式标明设计后总体空间布局、主要节点、重要设施及节点分布；必须有对应的图名、图例、比例尺和指北针。

⑤节点效果图。需展现泵闸站及周边植物、景观小品等在立体空间上的设计效果。

⑥植物景观设计图。需详细展示泵闸站周边植物的配置方式与树种选择，并标明与水域、绿地、景观小品等要素的关系；附相应文字说明。

4.4.4　景观堰环境设计图纸

根据景观堰水利工程环境设计的规模、建设要求确定合理的图纸比例尺，一般为1：100~1：500，可根据实际情况补充其他图纸。

①区位图。需标明景观堰的自然地理区位，即场地在国内、省内及具体城镇的位置，并标明与周边环境的关系；附相应文字说明。

②现状分析图。需标明景观堰状况、周边建筑、管线、绿地状况等现状的调查分析；附相应文字说明。

③设计范围图。需标明景观堰的设计范围红线及指北针。

④总平面图。需标明设计范围、管理范围、协调区范围等周边环境；利用注记、文字的形式标明设计后总体空间布局、主要节点、重要设施及节点分布；必须有对应的图名、图例、比例尺和指北针。

⑤节点效果图。需展现景观堰及周边植物、景观小品等在立体空间上的设计效果。

⑥植物景观设计图。需详细展示景观堰周边植物的配置方式与树种选择，并标明与水域、绿地、景观小品等要素的关系；附相应文字说明。

5 水利工程环境设计实例

本章列举了水库、山塘、湖泊、河流、泵闸站、堰坝等水利工程环境设计的案例，充分展现了环境设计理念的实际应用、技术创新及其对乡村振兴的积极影响。这些实例不仅有效提升了水资源的利用效率，促进了生态系统的保护与修复，还丰富了水利工程的人文内涵，营造了良好的人文环境，增强了乡村地区的可持续发展能力。

5.1 水库、山塘

①浙江省杭州市闲林水库。该工程位于浙江省杭州市余杭区闲林街道，是一座以水环境综合利用的水利工程。该工程环境设计以优越的自然山水为基底，配置了品种多样，能观赏花、叶、果等四季景异的彩林，凸显迷人的自然林相环境。该工程服务设施的规划设计中，还以千岛湖引水杭州等工程建设文化为主题，建设引水工程展览馆，宣传展示水利工程的规划与设计、建设与管理、节水与水资源保护等内容，形成主题科普景点(图5.1)。

(a) 库区环境风貌　　　　　　　　　　(b) 引水节点工程示意图

图5.1　闲林水库工程

（c）展示馆外景　　　　　　　　　　（d）展示馆内景

图 5.1 （续）

5.2　湖　泊

①浙江省温州市瓯海龙舟湖综合整治工程。该工程依托"中国龙舟文化之乡"的传统文化资源优势，以"水岸相依、唇齿相连"的环境规划设计、建设实施理念，环境设计融入治水、防洪、体育、龙舟等文化语言，筑起慢行系统生态环境，打造魅力绿道，成为网红打卡点。

②浙江省杭州市丁山湖综合整治工程。该工程位于浙江省杭州市临平区塘栖古镇西南面 3.5 千米处，南靠省级超山风景名胜区，湖周围连有大小不等的墩、兜、邦，小河、小港密布，核心水域面积约 683 亩，风光秀美，有着独特的自然风景，常能见到白鹭翩飞的美景，充满着烟雨江南的诗情画意。依丁山湖滨水岸线环境，规划建设了蜿蜒曲折的北连塘栖、南接超山风景区的休憩旅游小径，时而临水、时而穿林通幽，径移景异。秋石路延伸路段侧旁而过，水上游船北通塘栖古镇运河、南抵超山风景区北大门，水陆交通网络发达，优美的自然风光和良好的生态环境，推动了以塘栖古镇、枇杷节等为主题的旅游业、服务业蓬勃发展，助力乡村振兴（图 5.2）。

（a）滨水岸线环境景观

（b）湖区风貌

图 5.2　丁山湖环境风貌

5.3 河 道

①杭州市富阳区北支江综合整治工程。该工程立足优越的富春江水域河湖生态环境及文化底蕴，在北支江水域空间、沿江空间及外部空间，凭借曲线灵动飘逸的水上运动情影，营造良好的水景、光影、人跃、城美等整体环境，彰显着水利工程的无限魅力，为大众提供了赏富春山水、品人文神韵的环境盛宴，是宣传展示水利工程、科普水文化知识的重要场所。

②湖南省长沙市圭塘河综合整治工程。湖南省长沙市圭塘河是长沙市最长的城市内河，发源于长株潭绿心石燕湖。在圭塘河综合整治工程的环境设计中，以水域环境治理与保护为核心，精心打造文化筑底、产业引领、人居为本、自然为根的生态之河、产业之河、文化之河，堪称湖南"美丽河湖"样板。

③重庆市临江河整治工程。在推进临江河水利工程环境规划设计过程中，鉴于它是长江的一级支流，要全力推进生态文明建设，首要的就是必须全力整治沿河污染源，关停并转相关污染隐患点超 4 万处，实施跨区域配水调水、清水入河工程近 6000 万 m^3，建成生态修复地带约 7 万 m^2，极大地提升了沿岸人居环境品质，让人们群众享受水利工程环境提升所带来的获得感、幸福感、安全感。

④浙江省嘉善县伍子塘综合整治工程。伍子塘是嘉善一条古老的河道，距今已有 2500 多年的历史，相传是春秋时期伍子胥主持开挖而成。在实施伍子塘的改造提升工程中，其环境设计坚持生态优先、低碳环保、文化融合、全民共享的理念，充分挖掘古河道文化特色，全力打造水利、生态、休憩、旅游等复合功能的综合体，凸显出一条水利工程环境融入城乡发展的古韵文化人居环境轴。

⑤浙江省平湖市曹兑港综合整治工程。该水利工程环境设计充分利用桥文化元素，注重融入有当地特色的马厩文化，打造有思故之悠愁的景观节点，焕发出灌溉排涝、航运交通、生态景观等综合功能的青春活力，营造了集滨水休闲、文化品赏、健康运动、乡村游憩等于一体的旅游小镇，成为水利工程助推乡村振兴的示范工程。

⑥浙江省诸暨市枫桥片区水系连通工程。该工程包括枫溪江、栎桥村、店口渠道等范围水域体系的整治、疏浚与连通，水利工程的环境设计秉承生态优先、以民为本、丰富内涵、诗画枫桥等理念，以河流、山塘湖泊水面等水系为脉络，串联诸暨本土传统文化主线，打造和美乡村，形成一系列水文化景点，塑造本地特色水乡风貌，有力地推动乡村振兴建设。

⑦辽宁省本溪满族自治县小汤河综合整治工程。小汤河流经辽宁本溪满族自治县，沿河生态优势明显，历史文化深厚。为此河道整治工程深度挖掘滨河资源，实施沿河风光带的环境规划设计与建设，着力打造集生态、产业、观光、宜居、文化传承等于一体的水利工程综合体，带动投资数十亿元投资，提供就业岗位近万个，年均 100 多万人次前来休闲观光旅游。

⑧安徽省六安市淠河综合整治工程。淠河是安徽省六安市境内淮河支流之一，生态山水文化、红色革命文化、历史传承文化在巍巍大别山、滔滔淠河水域中交相辉映。通过淠河系统治理，淠河岸线面貌焕然一新，特别是主城区段的环境规划设计建设，再现了桃坞晴霞、淠津晓渡、赤壁渔歌、龙爪映月、裴滩落雁等六安古八景中的景象，水生态环境品质显著提升。

⑨浙江省天台县始丰溪综合治理工程。该工程是以始丰溪百里河道水环境整治为主体，环境设计充分植入本地特色历史文化，挖掘唐诗之路亮点，将和合、唐诗、佛道等文化融入水利工程整体环境中，打造了流泉、唐诗、山水等一系列休憩旅游景点，形成沿溪生态文化观光带，让人们在水利工程环境中领略优秀水利工程文化魅力。

⑩浙江省龙泉市岩樟溪流域综合治理工程。岩樟溪流域综合治理是以水利工程为抓手，总体环境设计深度挖掘水利、剑瓷、宋韵等等独特的本土水文化资源，凸显云水渠历史文化，打造以文营商、以商带游的历史文化、休闲旅游综合体，以水文化底色提升幸福成色，助力和美乡村建设。

5.4 泵闸站

①化子泵闸站。化子泵闸站是姚江二通道上重要的水利工程项目，工程实施综合以来，除提升防洪排涝能力外，还花大力气实施了生态环境修复、城市生态修补等内容，建设文化展廊、人物雕塑、建筑小品等文化设施，将清光绪年间的化子闸碑记嵌于一块方石内，原样拓印了一块碑记安置在原件之上，展现文物原貌，凸显水利工程文物的保护，以彰显深厚的文化底蕴，成为本地有水利工程环境特色的一颗明珠。

②大兴港水闸工程。该工程环境设计紧密结合水利功能，将水闸防洪功能与构造展示、卷扬机、水文化墙、观景塔等内容融入到水闸总体外观造型和周边环境设计中，让水利工程成为城市整体环境不可分割的一部分。建成后的水闸，既成为该片区的制高点，又为游客俯瞰太湖溇港提供了一个绝佳的观景点，成为集水利、文化、休憩等为一体的水利工程开放共享空间。

③大钱水闸工程。该工程环境设计采用唐代水上城门的外观造型，根植当地文化语言，建设了湖滨水生态、水文化、游憩等民生实事工程设施，彰显太湖地域文化特色，打造城市公共开放共享空间。

④永丰水闸。该项目位于余杭古城区，是秦朝设立的老县城，历史悠久。在水闸的改造提升中，将它的环境景观设计与古城建筑文化、老百姓休闲设施、顾客游憩亭廊等结合起来，打造了有当地特色的水利工程设施，传承了历史文化，形成了网红，成为老百姓新的打卡点(图5.3)。

⑤仓前汪桥港闸站。该项目位于杭州未来科技城核心区余杭塘河南侧，环境设计勇于创新，将水利工程文化与全民素质提升紧密结合起来，闸站建筑不仅实用、经济、美观，还利用闸站工程设施更新改造提升成为集水利工程与水文化科普宣传教育于一体的、寓教

于乐的休憩公园，更好地服务好居民、服务于社会，让水利工程设施成为幸福河湖的一道靓丽风景线，打造宜居宜业宜学宜游的和美环境，努力推进城乡全面现代化(图5.4)。

图5.3　永丰水闸

图5.4　汪桥港闸站

5.5　景观堰

①茶台堰坝。该项目位于径山风景区，利用堰坝引流农田灌溉的设计师，根据风景区拥有著名寺庙径山寺且盛产径山禅茶的情况，充分挖掘当地文化资源，将茶台堰坝水利工程的环境设计融入禅茶、禅茶具、莲花等文化元素，凸显本土文化特色，倾情塑造优秀水利工程，还配置夜景灯光，丰富旅游休闲夜景。丰水时节溪流水速较大时，水浪冲击茶台堰发出清脆水声，闻声而动，能欣赏到"茶台云水"的优美景象；而枯水期则能听闻潺潺流水唱着歌欢快地缠绕"茶台"，深临"茶台听曲"意境。起身追曲，又能寻觅到嬉水的乐趣。堰坝周围竹林茂密，绿道蜿蜒穿梭其中，寻寻觅觅看到堰坝，又恰似"柳暗花明又一村"，形成了溪流水旁重要的景观节点，打造了旅游风景区内又一新的、特色鲜明的主题功能景区，有力地推动了当地农文旅综合发展，助力了乡村振兴(图5.5)。

②夹堰。该项目位于某地水上竹筏漂流等特色旅游风景区，在堰坝引灌等水利工程环境规划设计中，为了既提升溪流沿线农田灌溉保障水平，又营造景区水环境景观，充分挖掘当地文化资源，尽显溪流穿越竹海地域特色，方案设计融入石、溪、竹、竹筏等文化元素，将堰坝设计成家喻户晓"双溪漂流"的竹筏造型，潺潺流水，鱼儿穿梭其中，形成"夹堰追鱼"的自然景观。还配置了夜景灯光，夜幕降临，当夜景灯

图5.5　茶台堰坝

光和竹筏形成梦幻山水的景象时，与梦幻星空遥相呼应，丰富了夜游景观，塑造了新的、特色鲜明的主题旅游景区，推动了当地农文旅发展，助推了美丽乡村建设(图5.6)。

③客宴堰坝。该项目位于北苕溪溪上的小古城村，堰坝环境设计运用老石头的材质，彰显小古城村悠久历史，堰坝表面景观设计印章的纹理，将堰坝的名称印在老石头上，寓意"客宴迎宾"，丰富堰坝内涵，提升水利工程品质，助力美丽乡村建设(图5.7)。

图5.6　夹堰

图5.7　客宴堰坝

5.6　其他工程

①浙江省慈溪市海塘安澜工程。该水利工程环境设计以"海塘之弦"为主题，彰显围垦、慈孝、青瓷、移民等地域文化灵魂，融入跨界融合的理念，统筹水利、景观、休闲、旅游等多功能需求，打造良好的人居环境，建设开放共享的休憩空间，打造集水利、休闲、生态、景观、游览等于一体的综合体，构建人与自然和谐共生的幸福图景。

②浙江省龙游县灵山港幸福河湖工程。该工程环境设计以具有680多年历史的世界灌溉遗产工程"姜席堰"为中心，包括姜席堰、河道、堰坝等水利文物保护、环境改造提升、生态修复等，水利工程与本土文化交相辉映，充分展示姜席堰、河堤岸、沙洲等水利工程生态环境风貌，凸显世界灌溉工程遗产的魅力，较好地传承了中华历史的治水智慧。

③浙江省德清县东苕溪综合整治工程。该工程环境设计建设中，通过实施石栏龙、水毁闸、古县河等修缮保护工程，新建东苕溪水文化园、现代水利示范区等项目，深度挖掘和保护水利工程历史文化，营造良好的展示优秀水利工程文化和科普水利工程知识氛围，赓续千年治水的文脉。

④浙江省杭州市临平区净水工程。该工程用地面积256亩，是一项集水利工程环境、回水利用、湿地景观、运动休憩、文化展示等功能为一体的综合性设施，设有水利设施设备、小桥流水、灯光夜景、音乐喷泉、游步绿道等设施，是城乡水利工程环境远目标、深层次、多功能予以整体综合规划、设计、建设、运营的典范(图5.8)。

⑤浙江水利水电学院南浔校区工程。该工程内拥有水域面积271亩，设有水闸3座、泵站1座等水利用工程设施，总体环境设计以水利教育、南浔江南水乡文化等为理念，遵循天人合一、生态修复、城市修补的原则，水岸两侧配置有利于水域环境净化和休闲赏景的多样化植被景观，延续传统江南水乡民居肌理，塑造水利学院人文景点，打造一座具有水文化教

（a）入口水环境　　　　　　　　　　　（b）总体风貌

图 5.8　临平区净水工程

育、研究、实践、科普等全方位的水乡书院，是集水利专业人才培养、水环境营造、水资源利用、水文化传承、水科技展示等为一体的水利工程环境规划设计建设综合体。

⑥浙江省绍兴市浙东运河文化园工程。浙东运河地区历史文化深厚、人文社科丰富，该工程环境设计以展示、传承泵站、水闸、堰坝等水利工程历史文化脉络的形式，充分展示浙东运河沿线水利工程历史价值内涵，多角度呈现千年古运河的历史业绩，打造集赓续文化、生态修复、观光旅游等于一体的城乡综合体，让古老的大运河展示出新时代的风貌。

⑦浙江省衢州市衢江区盈川水环境综合整治工程。该工程环境设计深度挖掘历史文化资源，赓续盈川古村千年治水历史文化，工程内容包括机埠、古码头遗迹等水利工程的提升改造、文物保护、生态修复等项目，打造了有本土文化特色的水文化园，形成特色旅游走廊，有力地推动了盈川村的农文旅一体化发展，助推乡村振兴、未来共富。

⑧浙江省海宁市水利文化园工程。在该工程的整体环境规划设计中，充分利用碛石市河闸站等水利工程设施资源，建设水利科普文化馆，打造水利工程文化科普教育基地，形成寓教于乐的景观环境，是集水利、生态、水法、文化等为一体的社会大课堂，成为展示优秀水利工程文化事业的共享空间。

⑨浙江省缙云县普化水电站改造提升工程。该水利工程的环境设计，在保障和发挥水利灌溉、发电等专业功能前提下，充分利用原水轮机组等"老物件"实物资源，展示大源老区人民筚路蓝缕建造水利工程的自力更生、艰苦奋斗、勇于开拓的时代精神，营造党对革命老区的深情牵挂和关怀、激励人们不忘初心、牢记使命的水利工程综合利用的环境氛围。

6 农业水价综合改革与水利工程环境设计

农村泵站机埠、堰坝水闸等"小农水"工程规模小、数量庞大，遍布田间地头，直接为农业灌溉、粮食生产服务。但由于种种原因，农田水利中存在设施家底不清、水资源水商品意识淡薄、水价形成机制不健全、用水方式粗放、设施薄弱、运行维护经费不足、管理水平不高等问题，相当一部分工程既不重视日常维修养护，又不重视环境景观，导致水利工程失修失管、功能衰减、品质低下，而且历史欠账较多，节水基础薄弱，环境质量较差。有些存在过度灌溉，甚至边灌溉边排放的"打跑马水"现象，增加农业水土流失和残留化肥农药等对水系的污染，农田水利灌溉与生态用水矛盾突出，水系生态环境恶化的趋势始终难以得到根本好转，与美丽乡村、乡村振兴的要求格格不入。为了牢固树立创新、协调、绿色、开放、共享的发展理念，围绕保障国家粮食安全和水安全，落实节水优先方针，通过灌溉设施改造、机制创新、价格调整、奖补政策等综合措施，算清从供水源头至田间地头的运行维护成本"明白账"，切实提高全民"水商品""有偿用水"意识，调动农田水利灌溉主动节水减排、应用节水技术的积极性，加强供给侧结构性改革和农业用水需求管理，坚持使市场在资源配置中起决定性作用和更好发挥政府作用，政府和市场协同发力，以完善农田水利工程体系为基础，以健全农业水价形成机制为核心，以创新体制机制为动力，着力解决农田水利灌溉主体节水意识淡薄、农田水利灌溉粗放式管理、农田水利灌溉工程设施管护资金不稳定、用水组织管理不到位等关键问题，逐步建立农业灌溉用水量控制和定额管理制度，提高农业用水效率，构建"设施完善、技术先进、管理科学、用水高效、生态良好、保障有力、富民惠民"的现代化农田灌排体系，提升全域水生态环境品质，保障粮食生产安全，加快美丽乡村建设，助推乡村振兴，促进实现农业现代化。因此，在全国范围内，全面推进农业水价综合改革工作。

通过实践，有些地方把农业水价综合改革与保障粮食安全、促进生态文明、助力乡村振兴和共同富裕紧密结合起来，坚持农田水利管护与农业节水工作并重，坚持农田灌溉水利工程更新升级与机制健全完善并举，坚持提升组织化程度与创新物业化管理并进，以"五个一百"示范创建活动为引领，以巩固完善用水管理、水价形成、工程养护、精准补贴与节水奖励等"四项机制"（以下简称"四项机制"）为主线，以"农业灌溉工程更新升级行动""八个一"村级改革巩固提升活动为抓手，促进农村水利高质量发展。其中，"五个一百"示范创建活动是指每年创建 100 座示范泵站机埠、100 座示范堰坝水闸、100 个示范灌区灌片、100 个示范用水管理主体、100 个示范村等。"八个一"村级改革是指农业水价综合改革中建立 1 个用水组织、1 本产权证书、1 笔管护经费、1 套规章制度、1 册管护台账、1 条节水杠子、1 种计量方法、1 把锄头放水等村级改革落地生根模式。"五个一百""八个一"涵盖了农业水价综合改革的主要内容，是改革创新的生动实践，是持续深化改革的重要举措。尤其是"五个一百"的示范创建引领，通过小切口、大牵引，加快农业灌溉水利工程更新升级步伐，提升了农业水利设施综合品质，巩固完善基层水利服务体系，促进农村水利工程良性长效运行。

各地纷纷按照"先大后小、轻重缓急，尽力而为、量力而行"的原则，对照"高效、节水、安全、实用，整洁、美丽"的标准，总结推广"五个一百"示范创建的经验做法，结合高标准农田建设，通过"工程微改造+管护新机制""计量节水+数字化"等措施，像农村厕所改革、垃圾分类那样，全面推进实施"农业灌溉水利工程更新升级行动"，用心用情用力把这项花钱少、受益广、影响大的乡村好事、民生实事办成办好，助力美丽乡村建设。

本章阐述了近年来浙江省杭州市余杭区、临平区等一些地方在推进实施农业水价综合改革工作中，对农村泵站机埠、堰坝水闸等"小农水"工程实施更新升级、示范创建的一些思路和做法，从中可以看到这些"小农水"工程环境设计的发展脉络和价值取向：①先建机制后建工程；②先打造水利工程盆景后"串珠成链"，提升为城乡风景；③以"一泵站一故事""一灌区一主题"为目标，以赓续本土历史文化为脉络，为水利工程赋予文化内涵，进一步提升水利工程环境品质，努力把水利工程建设成为乡村旅游产品，打造成农文旅综合体，助力乡村振兴。

6.1 试点先行，环境设计未启动

2018 年，杭州市余杭区根据《国务院办公厅关于推进农业水价综合改革的意见》《浙江省农业水价综合改革总体实施方案》《杭州市农业水价综合改革实施方案》等精神，以 3 个典型灌区、面积占本行政区域改革总面积 5%以上的范围为试点，积极贯彻落实乡村振兴战略，结合当地实际，坚持先行先试，有关情况介绍如下。

6.1.1 基本情况

杭州市余杭区规划纳入农业水价综合改革的有效灌溉面积为 40.17 万亩[*]，其中 2018 年度实施改革试点为 3 个乡镇，面积为 2371 亩。试点区块分别分布于上湖村天竹园泵站

---

[*] 1 亩 = $1/15hm^2$。

灌区、下陡门村郎家 1 号泵站灌区、苕溪村灌区、塘埠村石门水库灌区。上湖村天竹园泵站灌区有效灌溉面积约为 250 亩，为泵站取水灌溉，种植单季稻和小麦。下陡门村郎家 1 号泵站灌区有效灌溉面积约为 200 亩，泵站取水灌溉，种植单季稻和小麦。苕溪村灌区有效灌溉面积 821 亩，为泵站提水灌溉，种植单季稻和小麦。塘埠村石门水库灌区有效灌溉面积 1100 亩，其中 150 亩为泵站取水灌溉，种植单季稻和小麦；200 亩为自流灌溉，主要种植葡萄和樱桃等果树，750 亩基本为自流灌溉，干旱时水泵取水灌溉，种植单季稻和小麦。2018 年度改革投资总额为 152.23 万元。

各有关部门及镇街严格按照《杭州市余杭区农业水价综合改革实施方案（2018—2020）》的相关要求开展工作。2018 年 8 月上中旬完善了领导小组运作机制，召开了领导小组办公室联席会议，出台年度工作计划，部署实施进度，研究落实考核办法、定价机制、精准补贴、节水奖励及 2018 年度项目实施计划等一系列政策；8 月下旬与咨询单位联系对接，按该实施方案的要求，及时完成了工程建设、计量设施安装、标志标牌安装等方案设计、施工图设计工作；9 月初下达 2018 年 3 个改革试点区镇街的实施任务，并提供了工程建设、计量设施安装、标志标牌安装及培训指导等技术文件，9 月 15 日前落实中标单位并签订合同、组织实施。同时，陆续出台相关制度和办法，9 月 15 日前完成了区级农业水价综合改革培训工作，并利用各级媒体进行宣传。

按照浙江省水利厅相关文件要求，完成农业水价综合改革绩效评价工作自评材料清单，按要求将区级自评、市级打分的绩效考评材料报送浙江省水利厅农水处；10 月陆续建立区、镇、街、村相关台账，开展工程建设、计量设施、用水量采集软件开发、标志标牌安装等的实施工作。同时，拟定了 2019 年度实施农业水价综合改革的思路与计划方案等。

6.1.2 主要做法

①组织领导。为保障改革的有序实施，成立了由多部门和所有镇、街组成的农业水价综合改革领导小组，并由分管区长任组长，区政府办分管主任和区林业水利局主要领导任副组长，统一协调解决改革中的重大事宜。

②方案编制。为保证实施方案符合某地实际，在实施方案编制前期，坚持实地勘察了解各镇街灌溉面积、种植结构、灌溉方式、用水情况、计量设施安装现状等相关数据，以确保实施方案编制后期灌溉定额确定的合理性和各相关机制制定的可操作性。

③试点改革。将 2018 年度实施面积作为试点改革面积，对于试点改革区域采取全方位实地勘察，对当地村民进行调研，确保试点改革区域数据样本的真实性。余杭区通过 2018 年度试点改革的经验，推广至 2019 年度改革区域，以增强改革可操作性。

④灌溉计量。根据实地调研结果显示，现状是均未安装用水计量设施，考虑到全区灌区（灌片）数量庞大，若均安装用水计量设施工程造价过大，建议以镇、街为单位，在每个镇、街道内选择 1~2 个较为典型的灌区（灌片）安装用水计量设施，从而以点带面掌握各乡镇的用水情况。

⑤机制建设。结合当地实际情况制定了农业水价形成机制、农业用水定额制度、精准补贴及节水奖励机制和农业水价考核机制，确定了农业水价标准为平原区 62 元/亩，山区 27 元/亩。用水定额标准为：a. 丰水年，水稻-小麦轮作 1034m³/亩，蔬菜 253m³/亩，水果 158m³/亩；b. 平水年，水稻-小麦轮作 936m³/亩，蔬菜 195m³/亩，水果 134m³/亩；c. 枯水年，水稻-小麦轮作 660m³/亩，蔬菜 149m³/亩，水果 94m³/亩。精准补贴标准为：平原区 12 元/亩，山区 9 元/亩。节水奖励标准为：a. 节水 20%以内，给予 3 元/亩奖励；b. 节水 20%~50%（含 20%），给予 5 元/亩奖励；c. 节水 50%以上（含 50%），给予 7 元/亩奖励。

⑥资金保障。为确保农业农业水价综合改革工作有序进行，在整合各级财政投入资金后由区财政兜底。

⑦宣传引导。编制宣传手册，设置户外宣传标牌，村水管小组室内进行制度上墙。同时，借助当地报纸、各级网站及公众号等各类媒体，开展相关宣传报道，加强舆论引导、水情教育和节水指导，努力提高全社会节水意识。组织开展技术业务培训、分发宣传手册、推广农业节水技术应用，积极营造全社会关心、支持、参与农业水价综合改革的良好氛围。

6.1.3 存在问题

在农业水价综合改革工作进行中，面临的主要问题是农户节水意识薄弱、水利工程环境设计不够重视等问题。一些地方水资源比较丰沛，导致农户习惯采用粗放的灌溉方式，灌溉习惯改变需从思想上使农户认识到节水的益处，要加大宣传工作，并通过实行用水计量，明确灌溉定额，农户定额内用水维持现状，不向农户计收水费，还会给予节水奖励、减轻村集体负担，超定额用水按分档水价计费。以"节水即奖励、浪费即收费"的方式，帮助农民实现从"水资源免费"到"水资源有价"的观念转变。

6.1.4 意见建议

①提高认识是根本。农田水利工程是一项十分重要的社会公共基础设施，农业水价综合改革是增强节水减排意识，加强农业用水管理，减少农业面源污染，改善生态环境，促进水利工程维护，保障粮食生产安全，助力乡村振兴的一项重要举措。因此，开展农业水价综合改革任重道远，需要起好步、开好头。只有领会改革的目的意义，才能转变原来的观念，更进一步提高改革的认识，从而转变为积极的改革行动。

②领导重视是关键。由于中央和省、市的高度重视，各级领导舍投入、花精力，集中力量，并一环扣一环地抓此项改革，在改革的过程中也破解了工作中的种种难题。同时也解决了一些现实问题，才使改革朝预定目标深入推进。

③部门协调是保障。农业水价综合改革是一项综合性的工作，需要各级政府的重视和相关部门的密切配合。特别是部门之间要相互协调、融通，做到各司其职，勇于担责，形

成合力，才能使改革顺利进行，使改革落地生根。

6.1.5 水利工程环境设计成效

在改革范围内，工作重心在以典型灌区为代表开展农业水价综合改革试点，着重"四项机制"建设，探索改革路径，但涉及水利工程环境的泵站、水闸以及有关改革的宣传标牌等形式、材料、色彩、绿化景观等都没有开展设计，对乡村建设几乎没有什么美化作用（图6.1、图6.2）。

图6.1　改革宣传标志牌

图6.2　改革后的泵站

6.2　"三聚焦"，环境设计有意向

杭州市余杭区全面贯彻落实农业水价综合改革项目"能早则早、能多则多、能快则快"的工作要求，聚焦于早抓开工、快抓建设、多抓效益，推动全市水利民生实事项目提前超额完成，实现群众早收益、多收益。

6.2.1 聚焦于"早"，按下项目实施"快进键"

坚持早谋划，提前启动年度项目调研工作，分类明确项目清单、制订实施计划。坚持早部署，2019年1月印发实施项目实施方案，动员部署杭州市余杭区以农业水价综合改革为载体推前期、抓开工。坚持早行动，及早组建工作领导小组，集中办公、组团攻坚，落实项目前期"打包招标、联审联评"，并强化同财政部门横向对接，保障项目资金及时落实、足量落实，推动项目于3月实现开工达到年度目标。

6.2.2 聚焦于"快"，干出服务民生"加速度"

"一单一表"抓提速。4月即排定项目分月完工计划表、分月完工项目清单，落实周提醒、月调度、月督查，全年共发布项目进度提示提醒信息42条次、进展情况月通报8份，并联合督查室开展实地督查2次、印发进度提示单2份，有效推动项目建设不断提质提速。

"一项一策"抓提速。立足"奔着问题来、带着思路回"，结合"大走访、大调研、大服务、大解题"活动，深入基层、下沉一线，针对项目推进中存在的问题，落实领导包干、一项一策，累计开展项目服务112人次，解决替代水源、项目配套设施施工等各类主要问题5项，切实消除项目推进中的"肠梗阻"问题。

"一周一晒"抓提速。7月开始，全面启动"周擂台赛"，开展计划周排、进度周晒，累计发布周报8期，约谈项目建设相关责任人5人次，督促施工方在保障质量安全的前提下，抢抓晴好天气窗口期，打开施工作业面、开展施工"两班倒"，不计成本抢工期、提进度，推动项目较原定计划提前完成。

6.2.3 聚焦于"多"，打好建设监管"组合拳"

完工数量多。在明确项目库的同时，梳理排定增量任务清单，立足"标准不降、力度不减"，落实项目库内项目和增量任务清单项目同时抓、同步推，实现超额完成，完成率为年度目标任务的125%。

群众受益多。通过实施农业水价综合改革，有效保障下游20.9万群众的安全，同时恢复水资源供应3427.5万 m³，有效提升灌溉条件农田2.1万亩，可实现农田亩均增产10%以上，并打造融抗旱保供、休闲旅游等功能于一身的农文旅综合体，助力乡村振兴不断纵深发展。

管护情况好。结合项目督查，开展往年建成项目管护情况"后头看"，累计督促县（市、区）整改标牌破损缺失等各类问题11项；全面落实物业化管护，确保水库有人管、管得好、出长效。

6.2.4 水利工程环境设计成效

在2018年度典型灌区改革先行先试的基础上，全面推进农业水价综合改革。坚持"先建机制，后建工程"的原则，进一步完善机制建设，探索改革路径，实现改革全域全覆盖。改革宣传标志标牌等的形式、材料、色彩等开始结合本土文化进行初步的环境设计（图6.3），但泵站机埠、水闸堰坝等水利工程的环境设计，仍然处于刚刚起步阶段，有美化环境设计意向，但形式简单、内涵不够，尤其是泵闸站的设计备受冷落，与乡村振兴的关系还没有得到足够重视。

图 6.3 标志标牌

6.3 植根"两山"，环境设计现端倪

2020 年度，杭州市余杭区按照上级统一部署，结合当地实际，以植根"绿水青山就是金山银山""生态修复，城市修补"（简称"两山""两修"）、推进落地见效为主题，以示范村创建为抓手，对农业水价综合改革进行了生态农业水价综合改革、文化农业水价综合改革、产业农业水价综合改革 3 个层面的顶层设计。通过实践，农业水价综合改革工作进一步强化组织建设、有序推进实施，实施成效显著。有关情况介绍如下。

6.3.1 强化典型示范引领作用

机构改革后，对农业水价综合改革工作领导小组、20 个镇（街道）和 191 个改革行政村用水管理组织进行调整，明确分工，完善议事协调机制。针对试点方案、区级改革方案、典型灌区方案、示范村创建方案、"四项机制""八个一"村级改革、年度绩效评价等工作召开协调会议，统一了区、镇、村三级的改革思想，有效保障，按时推进。

6.3.2 有序推进生态文化产业"三位一体"

以改革为契机，打好农业水价综合改革组合拳，积极践行"绿水青山就是金山银山"和"生态修复、城市修补"理论，实现"1+1>2"成效。

①科学谋划。2020 年度在总结过去改革经验的基础上，精心策划，将农业水价综合改革的顶层设计为生态水价、文化水价和产业水价。生态水价是指通过改革促进节水减排，减少农业面源污染，实施生态文明建设，助推乡村振兴，让山更青、水更绿、品更优，人水和谐共生、高水平发展。文化水价是指改革中将有关泵闸站、计量设施及标志标牌等进行精心环境景观设计，凸显文化引领，打造精品亮点，构筑生态宜居、宜业、宜游的品质环境。产业水价是指凸显工程变成盆景、环境变成景点、一产催生出三产的重要引领作用，助力农文旅综合体发展。

②统筹推进。围绕年度改革目标开好部门联席会议，商定年度改革总体计划，将实施面积、任务、资金等分解到镇、街、村，统筹推进改革进程。进一步完善水价综合改革"四项机制"，实现"八个一"村级改革全覆盖，做好年度总结和台账。

③示范引领。按照农业水价综合改革"个十百千万攻坚活动"的总体部署，选择良渚街道新港村、运河街道双桥村、塘栖镇西河村等 3 个村先行先试，以示范村为创新点，泵站机埠、堰坝水闸等水利工程内外整体环境整洁美观，计量设施、标志标牌、设施产权、终端管理、基础台账、资金使用等规范有效，形成有特色、有亮点，既可学又易做的典型经验。

④评价考核。根据农业水价综合改革工作绩效评价办法，以信息管理平台为依托，制定考核方法和考核程序，考核结果作为奖补资金拨付依据，同时纳入乡镇"五水共治"、最严格水资源管理、粮食安全责任制、乡村振兴等年度责任制综合考核。

⑤宣传推广。通过制作农业水价综合改革宣传牌、分发宣传资料及公众号推广等宣传，以及开展有奖知识问答活动，结合"世界水日"开展法律法规和节水咨询、座谈会、调研会，下基层、访大户、建立科普基地等举措，以培代宣，增强全民节水减排意识。

6.3.3　实现村美、民富、业旺

余杭区通过 40.17 万亩有效灌溉面积的改革，改造提升 56 座泵闸站整体环境，79 座山塘、1807 个机埠水闸等水利设施落实了产权证，安装计量设施 107 套、宣传栏 22 块、宣传牌 36 块、制度牌 48 块，渠道清淤 607.95m³，沟渠修复 31.87km。完善了台账，搭建了改革信息化管理平台，完成投资总额 1252.23 万元。经测算，改革后亩均节水率 19.8%，年节电约 51.5 万元，化学需氧量（COD）、总磷（TP）、总氮（TN）分别减少 0.89kg/亩、0.04g/亩、23.12g/亩，极大地消减了农业面源污染。同时，水利工程整体环境按照功效高、安全好、外观美的标准建设，确保外观统一、漂亮美观，赋能乡村农文旅融合产业。节约的农业用水转化为城乡供水和生态环境用水，提高水资源利用效率和效益，促进水资源可持续利用。建立工程长效运行机制，保障粮食安全。降低灌溉成本，增加农民收入，助力生活富裕，助推乡村走上"村美、民富、业旺"的道路。

6.3.4　水利工程环境设计成效

在全面推进改革的基础上，开始提出村级改革"八个一"落地生根、示范村创建引领等要求。某地还创造性地把农业水价综合改革与"两山""两修"理论的实践紧密结合起来，对农业水价综合改革进行了生态农业水价综合改革、文化农业水价综合改革、产业农业水价综合改革 3 个层面的科学顶层设计，把泵站机埠、堰坝水闸等水利工程与良渚文化、径山禅茶文化和居民休闲游憩设施等环境设计紧密结合起来，与美丽乡村融为一体，无论是改革宣传标志标牌（图 6.4、图 6.5），还是泵站机埠、水闸堰坝等水利工程，它们的形式、材料、色彩等开始融入本土文化（图 6.6），有利于乡村农文旅发展，有助于乡村振兴建设。

图 6.4　径山村标志标牌

图 6.5　黄湖清波村标志标牌

（a）改造前

（b）改造后

图 6.6　何家村泵站

6.4　"福水安澜"，环境设计入规划

2021 年，杭州市临平区 20 座泵站机埠、堰坝水闸等农灌设施提升改造项目中有 15 座列为浙江省政府民生实事，通过高标准、强担当、快推进的行动，7 月底全面完成浙江省政府民生实事工程任务，机埠泵站、水闸等提升改造 23 座，完成率 115%，实现了化短板为样板、变痛点为亮点的民生水利蝶变，将病险之患打造成为属地群众的幸福靠山。主要情况介绍如下。

6.4.1　提早谋划，创新管理机制

精心谋划强部署。凝聚水利专业力量，成立水利民生实事工程"129"工作专班，组建 55 人专班团队服务全域面上水利项目建设，形成部门统一抓、职能科室分线抓、9 个服务指导组具体抓的水利项目建设良性机制。

狠抓项目重前期。查找水利工程薄弱环节、分析工程建设制约因素、总结建设进度问题难点，提出"936 行动计划"，即新建政府投资项目提前一年谋划，9 月完成项目筛选，3

月完成施工招标公告，6月必须动建并入库。确保利用冬春修水利的有力时节抢进度、出形象。

要素保障促发展。制定小型农灌设施工程系统治理方案，强化部门联动，优化项目流程，攻坚清零行动，明确2020年底前全部开工、来年底实现应建尽建，推动农灌基础设施全面由治转管。

6.4.2 凝心聚力，抢抓项目进度

抢抓有利时机。按照"早、快、严"的要求，按下民生水利"加速键"，在4月15日前基本完成项目主体工程，为有效应对水旱灾害防御打下基础。

紧抓关键节点。对施工难点项目、工程遭遇突发情况以及有可能影响质量、安全、进度的制约因素，第一时间组织水利专业技术力量，下沉乡镇(街道)一线指导，做到事事有人管、人人有责任、时时有回应，力争问题发现在一线、解决在一线、消除在萌芽。

营造工作氛围。实行例会制，坚持"一周一督查、半月一通报、一月一调度"，确保压实、压紧各方责任，同时，邀请乡镇退休老水利员，凭借多年一线工作经验，破解工程政策处理难点、堵点。

6.4.3 严格管理，筑实工程质量

严格监督检查。严把项目工程初步设计评审、施工图图审等环节，提升项目设计质量，减少项目变更。加强对项目业主、施工、监理三方的行业监管，加密质量"飞检"等质量监督，确保"五大员"关键岗位发挥效用，全面筑牢水利项目的安全质量"防火墙"。

凝聚工作合力。积极主动对接财政、自然资源、水投、供电等部门，借势借力，邀请杭州市余杭区人大代表、政协委员介入监督指导，汇集全市技术、资金力量，有效推动省政府民生实事各项工作落实落地。

定期会商整改。"129"工作专班例会定期分析工程监督检查，服务指导发现的共性问题、个性问题、易发生安全隐患关键部位等，制订专门解决方案，并有针对性地开展指导服务，通过下发整改单、责令返工处理、约谈等方式加大处理力度。2020年，"129"工作专班共计现场服务250余次，发现和整改问题450余个，有效地提高了某地水利工程建设质量。

6.4.4 谋划"十四五"规划

为有序实施"十四五"农业水价综合改革提升工作，编制完成农业水价综合改革深化提升方案，为当地未来5年泵站机埠、水闸堰坝、灌溉水渠等水利工程设施的更新升级改造做了全面部署，并对水利工程更新升级改造的空间规划布局、类型、规模、投资等分年度做出详细计划，其中杭州市临平区对102座泵闸站实施改造提升。总体要求是：规划设计上，要以水利工程"五个一百"示范创建为引领，外观环境设计深度挖掘当地文化，凸显地

方水利工程建筑特色，展示农业水价综合改革科普，与周边环境共同构成一幅幅绚丽多彩的田园图景；管理上，更深层次实施标准化、信息化、物业化运营；成效上，要引导人民从"要我改革向我要改革"转变，增强改革的自觉性；环境景观上，要"看得到潺潺碧水、赏得了田园风光、记得住悠悠乡愁"，水利工程整体环境面貌要"跃然于眼底，雀跃于心间"，为乡村振兴增添活力。

6.4.5 水利工程环境设计成效

在2019年实现改革全覆盖、2020年通过改革成效验收后，国家有关部委提出持续深化农业水价综合改革的战略。为此，杭州市临平区以"多规深度融合，深化改革图景"为主线，编制了农业水价综合改革"十四五"规划，指导改革工作走向可持续发展。在推进"八个一"落地生根的基础上，提出了"五个一百"示范创建的战略，进一步践行生态、文化、产业3个层面的顶层设计，把泵站机埠、堰坝水闸等水利工程与运河文化、双桥村薪火文化和乡村稻作节、千亩油菜花节等环境设计与美丽乡村融为一体，融入本土文化（图6.7），成功创建4项省市优秀典型案例，催生休闲游憩产业，助推乡村农文旅发展，助力乡村振兴建设（图6.8）。

（a）改造前　　　　　　　　　　　　（b）改造后

图6.7　戴家里泵站

图6.8　横山闸站及其标志标牌

6.5 "实快管"，环境设计惠民生

杭州市临平区 2022 年坚持以"惠民"为目标导向，发挥"部门协同"合力能量，做好建后管护实事，水利民生实事工程改善恢复灌溉面积 32980 亩，为 77 个行政村提供坚实的防洪灌溉保障，增加村民收入 300 余万元，喜获经济效益、社会效益和生态效益"三丰收"。主要做法如下。

6.5.1 "实"字为基，厘清"做什么、怎么做"问题

①摸清底数。针对农水项目涉面广、利农性强等特征，靠前发力从年底即开展全域农水项目建设需求申报工作，对农田灌溉设施提升等民生项目建设进行群众意见征求、实地踏勘共计 80 余次，确定全域 400 多处项目建设名录和 12 处民生实事项目实施内容，为来年民生实事项目早开工、早完工打下坚实基础。

②统一标准。针对民生实事项目中农田灌溉设施提升项目投资小、分布散的实际，抓实"统分结合"建设办法，即统一把关农灌设施提升项目前期设计、全过程监督、建后验收等关键环节；分机埠、堰坝、水闸 3 种类型，制作标准化施工一览图，乡镇(街道)、村集体分区域、分类型负责具体项目建设。

③要素保障。印发农村水利建设和管理任务清单，分解水利民生实事建设任务，构建"1+3+18"联席推进机制，即 1 个牵头主体(水利)+3 个责任单位(财政、农业、资规)+8 个乡镇(街道)，落实财政配套资金 800 余万元。项目资金落实、用地审批、政策处理等要素得到有力保障，保证项目有序推进。

6.5.2 "快"字为要，解决"用水难、灌溉急"问题

①"快"推进。出台水利民生实事督查工作方案，严格责任捆绑，以民生实事项目月度计划为目标点，倒排时间周期，实施"考评五项"推进机制，共下发督查通报 7 期，农田灌溉设施提升工作在 5 月底全面完工验收。

②"快"整改。在快推进、早验收的基础上，结合督查检查要求，对照标准化、美丽河湖、"五个一百"等建管标准，对全域民生实事项目开展验收后全覆盖检查，发现并完成 36 个涉及拦污栅、安全护栏、用电警示等细节问题整改，确保水利民生实事项目安全运行。

③"快"服务。成立 8 支服务小分队，26 位业务骨干为成员，第一时间赴 8 个乡镇(街道)开展水利民生实事项目建设指导服务；个性化编制 12 处机埠、泵闸站等建设提升方案，做到水利民生实事项目与乡村振兴战略、新时代美丽乡村等融合建设，获评浙江农业水价综合改革"五个一百"示范案例 9 处。

6.5.3 "管"字托底，答好"难持续、咋持续"问题

①考核定责管。制定《临平区小型农田水利设施管护办法(试行)》，确定区级有关部门、乡镇街道、行政村三级管理职责，对历年实施的400余处水利灌溉设施更新升级项目以及民生实事项目登记造册，明确日常管护责任主体；对8个乡镇(街道)管护情况进行工作考核，分3个考核档次下发80多万元农业水价综合改革奖补资金，用于小型农田水利设施管护，确保民生实事项目良性运行。

②发动群众管。在实现小型水库物业化管护以外，按照"谁受益、谁投工""以奖代补、先建后补"原则，临平区77个改革行政村组建管护队伍，并以村级管护组织健全、村民积极性高、村级自筹力度大的村为试点，打造"村级建管示范"，优先安排项目保障资金，共出动劳动力1750人次、自筹资金110余万元。

③成效激励管。对泵站、机埠等水利工程整体环境实施提升改造项目改造后，灌溉面积从100余亩提升至800余亩，解决了困扰种植户多年的灌溉难问题；新宇村奚家里机埠灌溉片区水源保障充沛后，大户种植水稻平均增产50斤/亩。"水利民生工程+"效益模式激励临平区35位种植大户、4家农业开发公司等经济主体共同参与水利民生实事项目管护工作。

6.5.4 水利工程环境设计特点

在持续深化农业水价综合改革的指引下，根据农业水价综合改革中实施农业水利工程更新升级的情况，2022年浙江省政府提出把泵站机埠、堰坝水闸等更新升级列入浙江省政府水利民生实事工程。为此，杭州市临平区以"做深农业水价综合改革，做优民生实事"为主线，以"五个一百"示范创建为抓手，深入开展水利民生实事工作，泵站机埠、堰坝水闸等水利工程环境设计品质得到了大大提升，涌现出了一批优秀的水利工程设施，示例如下。

①运河街道新宇村的奚家里泵站。根据该村莲藕支柱产业特点，水利工程环境设计深度融入本土运河文化、莲藕文化，凸显莲香新宇文化、都市休息游憩文化特色(图6.9)。

（a）改造前　　　　　　　　（b）改造后

图6.9 奚家里泵站

（a）改造前　　　　　　　　　　　　（b）改造后

图 6.10　老虎口机埠

②运河街道章河村的老虎口机埠。其环境设计彰显城乡接合部特点，将水利工程环境打造为"城乡口袋公园"，凸显城乡融合、都市休闲游憩的特色，推动美丽乡村建设（图 6.10）。

③杭州市萧山区。其结合农业水价综合改革标志标牌的设计，融入灌溉泵站、泵房建筑的"前生后世"，向世人诉说它的非凡历史，勾起人们的思故之情，感受泵站内涵厚重，传承了泵站历史文脉，吸引民众前来打卡，助推乡村农文旅发展，助力乡村振兴建设（图 6.11）。

图 6.11　泵房简介牌

6.6　厚植文化，环境设计助三农

2023 年，杭州市临平区牢牢抓住深化改革的关键环节，将农业水价综合改革作为保障国家水安全和粮食安全的重要举措来抓，并与美丽乡村建设、乡村振兴战略紧密结合起来。有关情况简述如下。

6.6.1　顶层设计：构筑"三个一体"

针对杭州市临平区"区域性缺水需北水南调、季节性缺水需抗旱保供、品质性缺水需节水减排"的特点，提出农业水价综合改革"关乎农产品质量、关乎和美丽乡村品质、关乎生态文明建设"的战略思维，怀着改革"一头连着民生、一头连着未来，功在当代，利在千秋"的责任感，从空间规划上坚持粮功区、高标农、双非区*一体规划，推动农灌设施标

---

* 粮功区指粮食功能区，双非区指非粮化区、非农化区。

准质量深度融合；从实施对象上坚持设施设备、四项机制、周边环境一体设计，实现灌溉工程环境品质整体提升；从实施方式上坚持更新升级、新建设施、改建设施一体推进，形成农田灌溉设施良性循环的"三个一体"顶层设计，厚植本土文化，助力乡村振兴。

6.6.2 主要举措：聚焦"五个高"

①高起点谋划，强化工作统领。扎实落地"三个一体"的顶层设计，推动农灌设施规划、设计、建设的整体推进建设，打造有品质的农灌设施。

②高强度推进，强化清单管理。突出抓好"五个一"，即贯穿一条深化改革的主线，建立一套项目实施清单，开展一系列攻坚行动，筑牢一个推动落实体系，创建一批优秀典型案例。

③高品质实施，严格工程管理。建立实时沟通、抽查督办、全程监管的机制，严格把控实施进度与质量，压实属地主体责任。

④高标准引领，凸显临平特色。水利工程环境设计融入本土文化，把文化要素藏于水利工程的细微处，标志标牌、绿化环境与景观面貌紧密结合，精心方案、精致标牌、精细功能，打造"一泵站一故事"工程品牌。

⑤高水平保障，夯实改革基石。建立校企合作实训基地，依托国企、强村公司等建立投融资与长效运维机制，编制农灌设施更新升级设计图集，"挂图作战"。

6.6.3 下步工作

①高位推进农灌设施改造。根据农业灌溉设施更新升级实施规划，紧密结合高标准农田建设、全域土地整治，把保障"双非"整治区的灌溉设施作为改革重点，对全区灌溉泵闸站的泵房建筑、设施设备、引灌工程、整体环境面貌等开展全面调查，高标准推进农田灌溉泵闸站设施环境整体提升。

②着力提升综合管理水平。积极推动建立专业化、市场化、物业化的工程运行维养管理体系，创新打造"政府+物业管理公司"管理新模式，以向社会购买服务方式推进工程的专业化管养分离，推进农灌设施安全、稳定、高效运行。

③探索实施用水水费收缴。进一步深化成本核算、水费收缴政策、标准及实施等内容，探索农业水费定价收缴，推动农村供水项目良性运作。

6.6.4 水利工程环境设计成效

杭州市余杭区以"厚植本土文化，助力美丽乡村"为主线，坚持"一更新一升级，一改造一品质，一工程一厚植，一泵站一故事"，凸显江南水乡风格主题，赓续临平本土优秀文化，展现农灌工程靓丽风貌，打造和美乡村的新地标，助力农文旅综合体发展。示例如下。

①南苑街道长树社区上塘河畔的王家门机埠。王家门机埠水利工程环境设计彰显上塘河"临风雅宋"文化。通过精心方案设计、精细功能配置、精致工程施工，实现"灌溉机埠

（a）改造前   （b）改造后

（c）夜景灯光   （d）休憩处

图 6.12　王家门机埠

王家门，更新升级功能分，生产生活两兼顾，水利工程乡村兴"的目标（图 6.12）。

  ②南苑街道长树社区上塘河旁的高地廊机埠。它的泵房建筑、标志标牌、绿化景观等总体环境设计，彰显上塘河临风雅宋文化，改造后的整体环境设计展示宋韵文化特色。同时，也彰显"长树泵站高地廊、农灌设施宋韵扬。管道灌溉高效能，乡村振兴主战场"的灌区文化特色（图 6.13）。

  ③星桥街道汤家社区的王家堰泵站。在整体环境规划设计布局上，以王家堰泵站为中心，突出改革是以农田灌溉设施为中心的意境。泵站两侧分别布局"五滴水""五车轮"的

（a）改造前   （b）改造后

图 6.13　高地廊机埠

改革宣传标志牌，其中"五滴水"寓意"五水共治"工作，水滴大小不一，寓意"五水共治"的各项工作各有侧重。"五车轮"寓意"省、市、区县、镇街、村"等五级改革职责，只有各级协同创新，才能确保改革成效。因此，它的整体环境设计凸显"农灌设施为中心，改革目标滴鲜明；协同创新职责轮，助力美丽乡村兴"的"锦绣汤家"特色(图6.14)。而王家

<table>
<tr><td>（a）改造前</td><td>（b）改造后</td></tr>
<tr><td>（c）五滴水　　　（d）五水共治</td><td>（g）简介牌</td></tr>
<tr><td>（e）职责轮</td><td>（f）夜景灯光</td></tr>
</table>

图6.14　王家堰泵站

堰泵站设计"五滴水"的标志标牌，则是以"五水共治"文化为底，传递"牌上大小几滴水，五水共治量分类，和美乡村重实效，综合改革资源配"的农业水价综合改革信息，蕴藏着农业水价综合改革的节水减排、乡村振兴的地位和目标。王家堰泵站标志标牌"五轮"的设计，寓意农业水价综合改革"五个一百"示范创建各个层面的整体环境设计，需要齐心协力、精心打造，突出"省市区县抓改革，五轮驱动齐步迈，乡村振兴多好快，五个一百创建带"的和美景象。还有王家堰泵站设计的标志标牌上，以五滴水组合成一个神似"一个问号、一个拳头、一只脚印"图案的设计构思，构建临平区当地农业水价综合改革标志，饱含"农业水价综合改革续创新，探索求真永不停，和美乡村留足印，彰显临平精气神"的临平改革精髓，激励人民坚持改革永远在路上的理念，必须具有聚精会神搞建设，一心一意谋发展的改革精神。

④杭州市余杭区的王家头、桥家湾、水当中等机埠。其改造的环境设计，以本土良渚"玉文化"为元素，展示古朴、自然的良渚遗址文化环境，打造良渚世界文化遗产国家遗址公园的水利景点。混浪头闸站、强盗坝闸站、双溪堰坝等水利工程环境设计，也尽显本土文化环境特色(图6.15~图6.25)。

（a）改造前　　　　　　　　　　　　　　　（b）改造后

图 6.15　王家头机埠

（a）改造前　　　　　　　　　　　　　　　（b）改造后

图 6.16　桥家湾机埠

（a）改造前　　　　　　　　　　　　　　　（b）改造后

图 6.17　水当中机埠

图 6.18　混浪头闸站改造后

图 6.19　强盗坝闸站改造后

图 6.20　上港坝闸站改造后

图 6.21　汪桥港闸站改造后

图 6.22　戚家桥闸站改造后

图 6.23　双溪堰坝一

图 6.24　双溪堰坝二

图 6.25　双溪堰坝三

　　可见，在 2023 年度临平区、余杭区的农业水价综合改革工作中，水利工程更新升级以"厚植本土文化，助力美丽乡村"为主线，水利工程环境设计以"一泵站一故事"为主题，以"五个一百"示范创建为抓手，不仅深入推进农业水利工程更新升级工程，用心用情用力实施泵站机埠、堰坝水闸等省政府水利民生实事，而且开始探索水利工程的环境设计与乡村振兴的关系，试图引领一种崭新的潮流，预示堰坝水闸等水利工程的环境设计将走向了一个新进程，深度融入临平本土上塘河的宋韵文化、锦绣汤家文化、良渚文化以及都市休闲游憩文化。临平区还成功创建了 15 项省市优秀典型案例，催生乡村休闲游憩产业，打造乡村农文旅综合体，助力乡村振兴建设。

6.7　现代灌区，环境设计谋振兴

　　2024 年，浙江省湖州市南浔区委区政府认真贯彻落实浙江省政府、省水利厅民生实事以及关于泵闸站等农田灌溉设施更新升级和开展农田水利标准化建设等一系列工作，将农业水价综合改革作为助力乡村振兴战略的重要举措之一来抓，以"现代灌区创示范，农业水价综合改革筑保障"为中心，按照"高效、节水，安全、实用，整洁、美丽"的要求，重点抓好村边、路边、河边、山边以及景区景点周边的灌区水利设施维修养护，以"一泵站一故事，一灌区一主题"为目标，巧妙运用"加减乘除"，紧扣实施方案，坚持目标引领、差距管理、过程控制，按照规定的时间表、路线图，做好泵站机埠改造提升，创建农业泵站机埠、堰坝水闸、灌区灌片等水利工程"五个一百"示范工程，建设现代化灌区，筑牢粮食安全保障，高标准高质量推进改革，不断巩固扩大改革成效，助力美丽乡村建设，助推乡村振兴。有关情况简述如下。

6.7.1 工作目标：一泵站一故事，一灌区一主题

以深化农业水价综合改革为抓手，以完善"四项机制"为主线，创新建设管理模式和投融资方式，通过"两手发力"，基本实现"现代化灌区全区推进、物业化管护全部覆盖、水费收缴全面实行、用水计量全数在线、社会资本全力引进、助推乡村振兴全方位"等"六全"的模式，打造"一泵站一故事，一灌区一主题"现代化灌区建设示范区县。

6.7.2 重点内容：现代灌区奔"六全"

①全区推进灌区现代化。2024年，9月底前全面完成机埠更新升级172座，12月底前完成永久基本农田集中连片整治0.4万亩、高标准农田建设和提升改造0.5万亩。加快圩区建设，12月底前主体工程基本完工；实施圩区整治。10月底前完成灌区改造提升，12月底前完成圩区整治形象进度50%。

②全域物业化管护覆盖。总结农田水利设施物业化管护试点经验，出台农田水利设施物业化管护实施意见、农田水利设施管护标准，推进各镇街因地制宜实施农田水利设施物业化管护，实现全域覆盖。

③全面实施水费收缴。健全完善水价机制，在全区实行新的农业供水水价，印发农业用水水费收缴和使用制度、农业水价综合改革精准补贴和节水奖励办法、农业用水定额及超定额累进加价制度管理办法等，逐步深化农业水价综合改革各项制度。

④全数在线用水计量。根据南浔区农田水利设施信息化建设三年行动方案，两年完成任务。全区1113座农田灌溉机埠安装远程智能电表，130座农田灌溉机埠安装流量计、视频监控、远程控制系统，尽早实现用水计量在线监测全覆盖。

⑤全力引进社会资本。引进社会资本，扩大"农田经营权+农田水利设施建设"模式规模，开展土地流转5000亩，取得农田经营权，从银行获得经营性贷款用于流转土地的提升改造，包括配套农田水利工程设施建设。通过"农田EPC+O+农田水利设施管护"模式*，对2万亩项目区集中连片整治EPC实施；通过"农文旅+农田水利设施管护"模式，对1.2万亩项目区实施整治基本完成，总结提炼社会资本参与农田水利设施建设与管理的

---

* E、P、C、O分别指工程设计、采购、施工、运营。

经验、做法，健全主体参与、建设管理、绩效评价等机制。

⑥全方位助力乡村振兴。通过"工程微改造+管护新机制"举措，对泵站机埠、标志标牌、绿化景观等环境景观风貌进行设计，注重细节打造，使其与周边环境相协调，实行泵站机埠精细化提档升级，促进泵站机埠整体形象融入美丽乡村、农文旅等"三农"工作中，助力乡村振兴。

6.7.3　实施举措：巧用"加减乘除"

①服务做"加法"，靠前服务效果好。建立区、镇、村三级工作专班，充分发挥工作专班作用，局领导分区包片，现场办公，指导服务前期、建设、质量、安全、验收等工作。组织培训学习会、镇级互学交流会、现场点评观摩会，助推项目建设步伐。

②流程做"减法"，优化前期省时间。率先制定泵站机埠建设地方标准，按照"功效高、安全好、外观美"的建设标准，完善设计图集、细化工程量清单、明确类别单价，简化前期流程。健全工程建设项目发包运行机制，充分运用"强村公司"施工技术和管理能力，通过公开发包、预发包、谈判发包等方式，减少中间环节和相关费用，节省建设资金1000余万元。

③监管做"乘法"，放管结合不放松。加强事中事后监管，广泛发动民间"六老六大员"全区域查、信息监管全流程查、监督月报定期查、施工现场随机查、信用监管重点查，多措并举对泵站机埠改造提升工作实行监管全覆盖，打出优化服务、强化监管"组合拳"。建立"绿牌表彰、黄牌警告、红牌督办"亮牌机制，考核结果作为年度考核和资金安排依据，表彰先进乡镇，警告进度缓慢泵站机埠所在村，有效促进泵站机埠改造提升工作"每旬有变化、每月有进展、每季有突破"。

④问题做"除法"，疑难问题及时解。针对小型农田水利项目建设需求大、资金缺口多问题，整合"非粮化、非农化"等土地整治工程项目资金，全域改造提升泵站机埠。针对泵站机埠的环境景观风貌与周边不协调问题，落实"工程微改造+管护新机制"，实行泵站机埠精细化提档升级，累计投入2.24亿元，完成1118座农村泵站机埠标准化改造，注重细节打造，促进泵站机埠整体形象与美丽乡村、农文旅等相结合，助力乡村振兴。

6.7.4　水利工程环境设计成效

2024年度临平区的农业水价综合改革工作中，农业水利工程更新升级以"现代灌区创示范，水价改革筑保障"为主线，水利工程环境设计立足"让水价改革发声，使农灌设施说话"的理念，以"一泵站一故事，一灌区一主题"为目标，更新升级以"五个一百"示范创建为抓手，高水平实施了泵站机埠、堰坝水闸、灌区灌片等农业水利工程的更新改造，呈现"农业用水正改革，节水减排惠三农。顶层设计筑保障，灌区提升别样红。方案设计厚根植，水利文化乡愁浓。更新升级农文旅，民生实事争先锋。五个一百创示范，农灌设施成网红。村级落地八个一，助力乡村奔富共"的景象。示例如下。

（1）崇贤运河灌区南洋头泵站

南洋头泵站地处京杭大运河国家文化公园带内，滨邻大运河步行游览景观大道，区位优势独特。因此，灌区的整体环境设计定位为"文化筑底：传承运河文化，凸显农灌文脉"。通过展示本地区域农田灌区域面积空间分布、农田灌溉水源工程、泵闸站工程与水系规划、前沿节水科技农灌设施、"八个一"翻翻乐、"五个一百"示范创建要求与案例等科普宣传，打造运河国家文化公园农业水价综合改革科普景区，使南洋头灌区彰显"三家村里盛特产，藕花无数遍南阳。科普公园助文旅，农灌设施铸共享"的风采，传承三家村知名农产品"杭州三家村藕粉"的悠久文化。南洋头泵站的整体环境设计构思为打造一个让市民丰富涵养，科普农业水价综合改革的园地；一个让市民参与互动、拓展视界、寓教农业水价综合改革于乐的大课堂；一个让市民陶冶情操、闲情逸致、修身养性的胜地（图6.26），让人有"登上泵站南洋头，水改情怀思悠遊。举头遥望科普园，农灌文脉凝乡愁"之感。

（a）改造前

（b）改造后

（c）科普园整体环境

（d）科普园入口

（e）科普翻翻乐

（f）科普廊

（g）科普设施

（h）泵站夜景

（i）科普园夜景

图6.26　南洋头泵站

（2）塘栖泰山灌区内上溪港泵站

塘栖泰山灌区位于泰山村自然村落、泰山村委旁，灌区内上溪港泵站（图6.27）的泵房建筑设计似圆形粮仓风格，农业水价综合改革的名称牌、宣传牌等总体设计神似坡屋顶粮仓的山墙形式，而主体的两侧个体又神似甲骨文"人"字，构成"山墙+个+人"的造型，所以泵站环境设计寓意为"民以食为天"。标志标牌赋予农业水价综合改革中村级用水管理组织、农民用水主体以及"八个一"改革落地生效等为主要科普内容，设置了翻翻乐等互动设施，让百姓参与互动，寓教于乐，灌区整体环境设计定位为"百姓中心：人人懂改革，个个要节排；时时谋管养，处处富山泰"，向老百姓诉说农业水价综合改革节水减排、提升农产品数量和质量等故事，打造成超山风景名胜区中有农文旅特色的主题景点之一，建成"泰山村旁上溪港，泵站意境倡粮仓。农灌环境普节排，农文旅业助超山"口袋公园，助力泰山村的美丽建设，助推村民走上"村美、民富、业旺"的道路。

（a）改造前

（b）改造后

（c）简介牌

（d）夜景

图6.27　上溪港泵站

（3）十里牧歌灌区

十里牧歌灌区紧邻"十年不到香雪海，梅花忆我我忆梅"的省级超山风景区，景区以梅花"古、广、奇"而成为江南古今三大赏梅胜地之一。十里牧歌灌区的总体环境设计定位为"文旅主导：十里牧歌，水改教科"，打造成超山风景区"农耕体验、自然教育、稻作文化、研学旅行"的产学研一体化农文旅基地（图6.28）。

为此，在灌区内横山港沿线3座灌溉泵站的环境设计中，充分融入农业水价综合改革"四项机制"、计量设施、物业化管理等核心文化内涵，分别设计为智机泵站、智量泵站、

（a）总体布局

（b）研学营地

（c）灌区环境

（d）灌区入口

图 6.28　十里牧歌灌区

智物泵站，承载着农业水价综合改革中智慧机制建设、智慧计量建设、智慧物业化管理等浓厚的持续深化农业水价综合改革的文化。

十里牧歌灌区中的"十里"，取自超山"十里梅花香雪海"的本土历史文化，延续超山梅花自然景观特色文脉。在十里牧歌灌区灌溉泵站设施的空间规划布局中，蕴藏着我国传统风水理论学说，沿着横山港由北向南依次规划设计布局为智机泵站、智量泵站、智物泵站，其中智机泵站布局在灌区最北端、横山港东岸，传承"坐北朝南""左青龙右白虎"的中国传统建筑布局礼制，寓意"先建机制、后建工程"的农业水价综合改革要义。而智量泵站位于中间，传递水价改革的机制建设、物业化管理等都要以灌溉水权的"量"为核心，落实节水减排目标，传递推进农业水价综合改革中农田灌溉用水必须严格执行"定额管理，总量控制"的信息，既明确了机制建设、物业化管理的目标，又要实现智慧物业化管理水平。而3座泵站的标志标牌分别用白色、粉红色、红色修饰，又承载着超山风景名胜区梅文化的浓厚信息，彰显了十里牧歌灌区农业水价综合改革赓续的浓厚地域文化特色。其中：

①智机泵站。标志标牌承载着农业水价综合改革中水价形成机制、工程维养机制、精准补贴与节水奖励机制、用水管理机制"四项机制"建设的内涵，诉说智慧机制建设的故事，蕴藏着智慧机制建设的特色。设计采取"白色梅花"风格点缀修饰智机泵站，既传承超山风景区"十里梅花香雪海"的自然景观特色，又寓意农业水价综合改革机制建设要有智慧

（a）总体环境

（b）宣传牌

（c）简介牌

（d）科普牌

（e）改造前

图 6.29　智机泵站

"唱白脸"，要善于"留白"，彰显"四项机制"建设的灵活性（图 6.29），凸显"水价改革持久深，智慧机制显核心。智机泵站白色梅，厚植农灌人文景"的水利工程环境文化风貌。

②智量泵站。展示农业水价综合改革中农田灌溉用水计量类型、计量方式、水权分配、节水减排指标、农田灌溉水有效利用系数测算等科普内容，赋予农业水价综合改革智慧计量的要义，诉说智慧计量的改革故事。设计采用"粉红色梅花"装饰，寓意既要科学把握农业水价综合改革中农田灌溉用水计量的度，又要展示超山风景区广植"宫粉梅"的自然景观特色，营造"农灌用水要精准，智慧计量紧跟进。智量泵站粉色梅，节水减排暖人心"的水利工程环境氛围，打造有农业水价综合改革文化内涵的超山风景名胜区主题景点（图 6.30）。

（a）总体环境

（b）简介牌

（c）科普牌

（d）宣传牌

（e）改造前

图6.30　智量泵站

③智物泵站。围绕农业水价综合改革灌溉用水节水减排目标，将十里牧歌灌区日常运营实施专业化、物业化、数字化管理的主要内容、流程、考核等内涵融入泵站总体环境设计中，诉说智慧物业管理的改革故事，营造水利工程的智慧物业管理文化，助力灌区日常运营管理现代化。设计采用"红色梅花"点缀、修饰智物泵站的环境，寓意在实施灌区物业化管理过程中，必须严格落实农业水价综合改革关于"节水减排"数量指标、灌排设施和灌区灌溉渠系与总体环境面貌达到标化、美化、信息化等各项要求，确保农业水价综合改革在"最后一公里"落地生效。同时，传承超山风景区主要种植"美人梅"的鲜红自然景观特色，构筑"水价改革长效难，智慧物业筑保障。智物泵站红色梅，不折不扣做管养"的诗情画意水利工程环境，打造超山风

（a）总体环境 　　　　　　　　　　（b）简介牌

（c）科普牌 　　　　　　　　　　（d）宣传牌

（e）改造前

图 6.31　智物泵站

景名胜区具有农业水价综合改革智慧物业管理文化内涵的主题景点（图 6.31）。

通过十里牧歌灌区整体环境设计，以及智机泵站、智量泵站、智物泵站等寓教于乐的水利工程环境设计科普，把灌区营造成"十里牧歌普改革，横山港畔飘节排，农灌设施融文旅，梅花三弄咏情怀"诗情画意般的田园风光，形成超山风景名胜区有农业水价综合改革寓教于乐主题的、田园牧歌灌区特色鲜明的旅游景区，助力中国超山梅花节、塘栖枇杷节等农文旅产业融合发展。

（4）临平田立方·未来农场

临平田立方·未来农场位于杭州市临平区乔司街道，是临平区在实施非粮化、非农化整治（简称"双非整治"），建设高标准的大都市农业现代化灌区中，深入推进实施农业水价综合改革的又一生动实践。

该灌区总体环境设计定位为"科技引领：藏粮于地，藏粮于技"，围绕临平"融杭接沪"发展战略，立足"农业筑底，科创赋能，文旅驱动"目标，以太空农业、雾耕植物工厂、循环农业、智慧物联为抓手，做优农田灌区、做尖科创农业、做特都市田园，以农科旅融合打造成杭州大都市临平田立方·未来农场，争创全国农业双强样板区、全国共同富裕示范区、全国都市田园创新示范区、全国乡村振兴策源地，助力乡村振兴，共富未来。

田立方太空农业中种植的蔬菜、瓜果等种子来自我国宇宙飞船带回来的太空种子，农事服务中心、太空农业的建筑设计，呈现"飞机+降落伞"造型，既暗示田立方所处杭州笕桥机场附近的空间地域信息，又传递田立方太空农业项目中引进"太空种子"进行种植的特色，凸显未来都市智慧农场，打造农科旅综合体，展现杭州大都市现代化灌区的田园风光风貌(图 6.32)。

（a）全景　　　　　　　　　　　　（b）太空农业布局

（c）科普馆　　　　　　　　　　　（e）农场内景

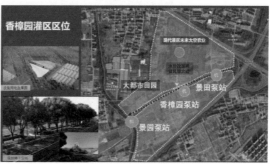

（f）香樟园科普风情大道　　　　　（g）香樟园灌区泵站布局

图 6.32　临平田立方·未来农场

灌区农业生产全部采用低压管道灌溉，核心区域沿着高埧河、香樟树林科普风情大道规划设计有景田泵站、香樟园泵站、景园泵站3座灌溉泵站，营造"景园景田香樟园，泵站故事特色显。灌区彰显高精尖，农灌环境惹人惦"的现代化都市田园风光灌区风貌。

①景田泵站。取名来源于"美丽田园风光"之意，泵站设计围绕"一泵站一故事，一灌区一主题"的灌区规划设计定位，彰显"科技引领：藏粮于地，藏粮于技"灌区主题，灌区农田用水全部实施管道灌溉，泵站进水口、水泵、灌溉水源高埧河、灌溉出水口及灌溉田块等区域，充分运用北斗卫星遥感(太空)-无人机(空中)-物联网(田野)等高科技，安装了水、土、气、温、雨、虫等智能感知设施近400套，泵站、出水口等灌溉设施实现手机APP远程一键化启闭，在田立方农事服务中心驾驶舱中实施全程实时操控。泵站环境设计彰显"景美田园现泵房，景田泵站添景观。登楼远眺迷风光，标牌意境互联网"的风采，灌溉设施标志标牌环境设计以网络点击、实现远程操控为意境，展示临平田立方灌溉水系、灌溉面积空间规划布局等信息(图6.33)。

②香樟园泵站。该泵站因位于田立方核心区香樟树林荫大道旁而得名，彰显泵站空间位置地域识别感。泵站等灌溉环境、设施标志标牌的设计中，以"农业靠水、灌溉要技"为主题，以农业水价综合改革的目标、主要内容、举措等为内涵，以无人机技术打造未来现代化农田灌区"耕、种、管、收"全环节、无人化的未来农场生产图景，规划布局了一系列融入农业水价综合改革内涵的主题建筑小品，建设了"八个一"翻翻乐等寓教于乐互动设施，诉说"五个一百"示范创建等农业水价综合改革科普故事。总体环境设计展示高科技农

（a）改造前　　　　　　　　（b）改造后

（c）灯光夜景

图6.33　景田泵站

业的意境，凸显现代化灌区建设中深入实施农业水价综合改革的意义，营造"高埂河畔香樟林，饱含水价改革情。漫步泵房楼平台，灌区风貌展无限"的水利工程文化环境，打造田立方未来农场中有农业水价综合改革主题特色的香樟园科普风情大道，展现杭州现代化灌区的魅力(图6.34)。

③景园泵站。该泵站取名来自景色迷人的和睦港生态公园中的地域特色，为此泵房建筑、标志标牌等设计彰显"白墙黛瓦"的江南园林建筑风格，创设"和睦公园景迷人，景园泵站油然生。粉墙黛瓦江南风，水乡建筑文脉延"的水利工程环境风貌，诉说着田园水乡建筑的诗意浪漫故事，助力打造灌区农文旅综合体，催生乡村新生产业，延长了乡村产业链，助推大都市现代化灌区农文旅融合发展，促进乡村振兴(图6.35)。

（a）改造前

（b）改造后

（c）灯光夜景

（d）浙江水利标志

（e）珍惜每一粒粮食

（f）香樟园灌区粮食生产

图6.34　香樟园泵站及科普风情大道科普小品

（g）水价改革"八个一"翻翻乐　　　　　　　　（h）临平改革标志

（i）水价改革"五个一百"科普　　　　　　　　（j）水价改革主要工作

（k）水价改革"五个一百"示范创建　　　　　（l）水价改革"五个一百"科普宣传

图 6.34　（续）

（a）改造前　　　　　　（b）改造后沿河景观　　　　　（c）改造后沿路景观

图 6.35　景园泵站

（5）渡船头东岸机埠、千亩墩沙角滩机埠等

这些机埠的水利工程更新改造中，通过精心设计，水利工程整体环境品质也都得到了极大提升（图 6.36～图 6.41）。

（a）改造前　　　　　　　　　　　　　　（b）改造后

图 6.36　渡船头东岸机埠

（a）改造前　　　　　　　　　　　　　　（b）改造后

图 6.37　千亩墩沙角滩机埠

（a）改造前　　　　　　　　　　　　　　（b）改造后

图 6.38　鸭兰村赵家门机埠

（a）改造前　　　　　　　　　　　　　（b）改造后

图 6.39　超丁村河西机埠

（a）改造前　　　　　　　　　　　　　（b）改造后

图 6.40　超丁村深结港机埠

（a）改造前　　　　　　　　　　　　　（b）改造后

图 6.41　超丁村俞家墩机埠

　　由此可见，临平区在推进农业水价综合改革工作中，水利工程的环境设计以"现代灌区创示范，水价改革筑保障"为主题，以"一泵站一故事，一灌区一主题"为红线，以"一带一路一风景，水价改革乡村兴"的空间规划结构为抓手，对水利工程环境设计通过采取本土元素的观物取象、泵房建筑外观的审美感知、地域文化的语境赋形等设计手法，充分尊重、剖析本土文化特点，提炼关键元素，凸显乡土韵味，塑造整体形象，加深本地居民对家乡的归属感，增强他们的文化自信和自豪感。这不仅深入推进农业水利工程更新升级，而且是站在一个农田灌溉区域整体规划设计布局的高度，进行水利工程环境的总体规划设计；不仅从一个灌区的层面整体推进泵站机埠、堰坝水闸、灌区灌片等农业水利工程的更新改造，还把水利工程的环境设计当作一项精品农文旅的产品进行打造，使水利工程设计达到了"有景观可赏、有内涵可学、有故事可说"的境界，真正实现了高标准、高质量推进农业水价综合改革；建设有品质的现代化灌区，既筑牢粮食安全生产保障，又打造乡村农文旅综合体，催生乡村第三产业，极大地拓展了乡村产业发展链条；助力乡村振兴建设，在泵站机埠、堰坝水闸、灌区灌片等水利工程的环境设计发展史上形成一个新的转折点，把水利工程环境设计推向了一个发展的新高度，引领水利工程助力乡村振兴走向了一个新时代。

综上所述，浙江省杭州市临平区、湖州市南浔区等地 2024 年度农业水价综合改革工作推进中，牢牢把握"深化改革、强基固本"主题，锚定乡村高质量发展这个首要任务，以做好泵闸站等农灌水利工程环境设计为抓手，持续巩固深化农业水价综合改革工作，促进乡村振兴和共同富裕。总结如下。

①高度重视，体现农业水价综合改革的"质"。对照国家耕地保护和粮食安全责任制考核等要求，以粮食生产的主战场——现代化灌区建设为抓手，针对近几年工作农灌设施更新升级等情况开展农业水价综合改革"回头看"，重点核查"四项机制"运行等情况，按时保质完成闭环整改工作，扎扎实实筑牢农田灌溉设施保障要素。

②对标对表，突出农业水价综合改革的"实"。按照农业水价综合改革助力乡村振兴的工作绩效评价的新要求，确确实实对泵闸站等水利灌溉设施以脱胎换骨式的更新升级，查漏补缺，补齐短板，持续巩固农业水价综合改革成果。

③因地制宜，擦亮农灌升级的"优"。农田灌溉设施更新升级项目既结合农田水利灌溉的基本功能需求，又积极主动呼应当地群众对人居环境的品质需求，环境设计融入本土文化元素，打造农文旅综合体，真正把水利民生实事办好办实。

④突出重点，聚焦各项工作的"效"。围绕现代化灌区建设、粮食安全生产，落实农业水价综合改革各项要求，继续保持深化改革创先争优态势，再创乡村振兴佳绩。

6.8 农业水价综合改革中水利工程环境设计成效的推广应用

2024 年，浙江省水利厅决定在杭州市临平区举办全省农业水价综合改革培训班暨现场考察临平典型做法与经验交流会议。该会议根据浙江省水利厅发布的浙江水利（2024 年）工作要点和重点工作清单，为深化农业水价综合改革，加快推进民生实事项目，扎实做好国家耕地保护和粮食安全考核有关工作，决定对全省各市水利局相关工作的负责人、各县（市区）水利部门相关工作负责人、现代化灌区改革与发展工作相关负责人、2024 年增发国债实施建设改造项目的灌区相关负责人等进行集中培训。培训内容是贯彻落实 2024 年度全省农业水价综合改革工作计划，部署深化改革、巩固完善各项机制、落细落实耕地保护和粮食安全考核有关要求，加强农业灌溉设施更新改造项目进度和质量管理等重点工作，交流各地典型经验做法。同时，浙江省水利厅部署全省农村水利重点工作，水利部灌排中心专家解读国家耕地保护和粮食安全考核中有关农业水价综合改革要求、深化改革推进现代化灌区建设试点有关政策，杭州市临平区等有关县(市、区)、灌区介绍典型经验做法和思路，灌区深化改革和农灌设施更新升级项目有关要求技术解读，以及下阶段深化农业水价综合改革工作要求，等等。

6.8.1 现场交流

此会议于 2024 年 5 月 9—11 日在杭州市临平区如期举办，主要议程之一就是现场考察学习临平区在贯彻落实农业水价综合改革有关政策中，围绕"三农"助力乡村振兴发展的

工作特色。现场重点考察了临平田立方·未来农场中香樟园灌区的香樟园泵站、景田泵站、景园泵站，以及十里牧歌灌区的智量泵站、智物泵站、智机泵站等有关水利工程环境设计和建设融入农业水价综合改革所取得的实际成效(图 6.42)。

此外，杭州市萧山区区级部门和镇街、杭州市政府有关部门、浙江省发展和改革委员会、省财政厅、省农业农村厅等有关单位，相继前来临平区现场考察农业水价综

图 6.42　宣讲水利工程环境设计成效

合改革中水利工程环境设计建设所得的成效，身临其境感受农业水价综合改革财政资金在推进乡村振兴工作中所发挥的"四两拨千斤"绩效，充分肯定临平的经验与做法，让水利工程环境设计与建设的"临平模式"进一步得到跨区域、跨行业的推广。

6.8.2 典型交流

在会议典型交流环节中，交流主题是在农业水价综合改革中，从不同层面展示农田水利工程设施如何助力乡村振兴建设的成效。主要有：守正创新，攻坚克难，全力打造丰水区现代化灌区样板；基金掌舵，样板护航，保险驱动，推进上塘河灌区现代化建设；强化粮食安全保障，夯实农业生产基础，探索实施农田水利设施综合保险；勠力同心，全力做好浦江农业用水权改革；升级农田水利灌溉设施，夯实嘉善灌区粮食安全基础；谋全局兴农灌，重机制保长远，扎实推进堰坝水闸更新升级；持续深化改革，创新"三全"模式，着力打造农业水价改革基层服务新样板；以"自治"促"高效"，探索"枫桥式"管水用水新模式；发挥村级用水管理组织作用，助力共同富裕；加强农田水利管护，强化组织领导，创新运行管护，优化

提档升级，加强宣传推广；聚焦农业节水减排，走绿色可持续发展之路；健全水价水费收缴机制，促进灌区工程良性运行；以创新投融资模式为抓手，多方联动谋划灌区项目，打造三门东部灌区建设管理新模式；抓进度强统管，打好单村水站改造提升硬仗；兜底线惠民生，办实办好水利民生实事；抓建设助共富，夯实乡村全面振兴水利基础；严管理创示范，推动农水工程转型升级；强创新塑变革，持续深化改革攻坚；等等。

杭州市临平区以"迈进改革新进程，谱写农水新篇章"为主题，从高起点谋划绘就新蓝图、精设计打磨引领新品质、固机制建设再续新成效、厚文化根植增添新动能等"四个新"层面，重点介绍了临平区在农田灌溉泵闸站设施等水利工程环境设计建设过程中，通过精心设计、精细功能、精致施工，实现了水利工程整体环境的品质可赏、内涵可歌、产业可衍，论述通过农业水价综合改革，农田水利工作助力"三农"引领新起点、步入新进程、谱写新篇章，有力地助力乡村振兴的成功经验与做法，肖健飞并获得大会"最佳发言人"称号。这说明杭州市临平区在践行农业水价综合改革工作中，农田水利工程环境设计融入乡村振兴工作的做法，得到了浙江省水利行业主管部门的高度肯定，值得作为优秀典型案例予以大力推广实施（图6.43、图6.44）。

图 6.43　会议交流会场

图 6.44　杭州市临平区（最佳发言人）
交流水利工程环境设计

6.9　农业水价综合改革中水利工程环境设计工作小结

从农业水价综合改革与水利工程环境设计的发展进程上可以看出：通过实施泵站机埠、堰坝水闸、灌区灌片等水利工程改造提升，推进农田灌溉设施"五个一百"示范创建，农田水利工程环境设计一直在努力探索中前行，通过"全区域空间布局一体规划，推动农灌设施发展深度融合；全方位实施内容一体设计，实现农田灌溉品质整体提升；全进程实施举措一体推进，形成农灌设施系统良性循环等"三个全"的顶层设计，坚持"高起点谋划，绘就改革发展新蓝图；精设计打磨，引领农灌设施新品质；固机制建设，再续深化改革新成效；厚文化根植，增添乡村振兴新动能"等"四个新"攻坚行动，实现农田水利工作发展新高度，引领水利工程环境设计发展新趋向，即已经从单点项目提升为全域线面、从纯粹工程提升为综合品质、从行业内部提升为广大百姓、从塑造盆景提升为打造风景、从外表面貌提升为内涵品质、从工程产品提升为乡村产业等，不断巩固扩大了改革成效，引领水利工程环境设计走向一个崭新的时代。

农业水价综合改革与农田水利工程环境设计的关系，在改革初期与改革实践几年后的今天发展的景象相对照，前后发生了质的飞跃。在刚刚实施农业水价综合改革的初期，尽管上上下下推进改革，但在具体操作中还处在"摸着石头过河"阶段，有很多人还不了解、不理解改革，甚至不支持改革，更谈不上去利用农业水价综合改革这个平台，来规划设计、建设提升农田水利工程设施环境品质。所以在改革初期，水利工程环境设计好像处在陆游《卜算子·咏梅》所描写的"驿外断桥边，寂寞开无主。已是黄昏独自愁，更着风和雨。无意苦争春，一任群芳妒。零落成泥碾作尘，只有香如故"的境况。

然而，通过几年改革的创新发展，各地在推进农田灌溉水利工程的环境设计和实施建设中，有些展示农耕文化，有些营造江南水乡风貌；有些传承水利工程文脉，有些展示现代灌区形象；有些彰显现代雕塑感，有些突出室内外空间借鉴流动；有些展示本土自然山水生态环境，有些凸显海岛本土地域特色……已经形成了"百花齐放，百家争鸣"的局面，水利工程环境建设的成效，在助力美丽

图 6.45　泵站环境设计展示传统农耕文化

乡村建设、推进乡村振兴中，绽放出绚丽夺目的光芒（图 6.45～图 6.54）。

图 6.46　泵站设计营造江南水乡建筑院落意境

图 6.47　泵站设计传承水利文脉

图 6.48　泵站环境设计展示现代灌区形象

图 6.49　泵站设计展示人工山水景观

图 6.50　堰坝设计展示自然生态景观

图 6.51　泵站及标志标牌设计展示江南建筑特色

图 6.52　泵站设计展示雕塑感

图 6.53　灌区灌排水渠
彰显生态环境设计

图6.54　泵站环境设计展示海岛文化

展望今朝，农业水价综合改革中的水利工程环境设计的发展，尽管还面临许多挑战，但各地毅然坚持在艰难中前行，一扫陆游《卜算子·咏梅》那种惨淡景象，而恰似毛泽东的《卜算子·咏梅》所描写的"风雨送春归，飞雪迎春到。已是悬崖百丈冰，犹有花枝俏。俏也不争春，只把春来报。待到山花烂漫时，她在丛中笑。"的情景(图6.55)。

图6.55　某地水利工程环境设计与建设中先进集体

由此可见，通过实施农业水价综合改革，泵站机埠、堰坝水闸等"小农水"工程环境设计的思路、理念和模式，开始进行"自我革命"：重视复合功能、彰显和美作用、追求综合效益、呈现社会价值，破除了水利工程设计限于单一水利功能的樊篱，跳出了"就水利而水利"的固有思维，把水利工程环境设计融入城乡一体化综合发展中。各地在实践中勇于担当，主动作为，守正创新，把农村泵站机埠、堰坝水闸等这类"小农水"工程环境设计推向了一个新高度，引领水利事业走进了一个让乡村变美的时代、一个催生乡村产业变强的时代、一个引领村民变富的新时代，将在乡村振兴未来共富中大放异彩。

改革无止境，在充满希望的中国农村大地上，水利工程环境设计助力乡村振兴，将持续上演。

参考文献

丛书编写组，2020. 深入实施乡村振兴战略[M]. 北京：中国计划出版社.

刁艳芳，2019. 河道生态治理工程[M]. 郑州：黄河水利出版社.

刘细龙，陈福荣，2003. 闸门与启闭设备：取水输水建筑物丛书[M]. 北京：中国水利水电出版社.

全国勘察设计注册工程师水利水电工程专业管理委员会，中国水利水电勘测设计协会，2007. 水利水电工程专业基础知识[M]. 郑州：黄河水利出版社.

任文伟，谢峰，2012. 城市化与水资源保护[M]. 上海：上海大学出版社.

沈振中，2011. 水利工程概论[M]. 北京：中国水利水电出版社.

水利部水利水电规划设计总院，2007. 水利水电工程边坡设计规范：SL 386—2007[S]. 北京：中国水利水电出版社.

王庆河，2006. 农田灌溉与排水[M]. 北京：中国水利水电出版社.

王仁坤，张春生，2013. 水工设计手册：第8卷：水电站建筑物[M]. 2版. 北京：中国水利水电出版社.

肖健飞，卫忠平，等，2023. 农田水利灌溉发展规划：基于小型灌区的规划的研究与实践[M]. 北京：中国林业出版社.

余金凤，张永伟，2009. 水泵与水泵站[M]. 郑州：黄河水利出版社.

附　录

《中华人民共和国城乡规划法》(2019 年修正)

《中华人民共和国水法》(2016 年修正)

《中华人民共和国环境保护法》(2014 年)

《水资源规划规范》(GB/T 51051—2014)

《灌区规划规范》(GB/T 50509—2009)

《灌溉与排水工程设计标准》(GB 50288—2018)

《节水灌溉工程技术标准》(GB/T 50363—2018)

《第三次全国国土调查技术规程》(TD/T 1055—2019)

《规划环境影响评价技术导则　总纲》(HJ 130—2019)

《灌区改造技术标准》(GB/T 50599—2020)

《渠道防渗衬砌工程技术标准》(GB/T 50600—2020)

《微灌工程技术标准》(GB/T 50485—2020)

《河湖生态环境需水计算规范》(SL/T 712—2021)

《高标准农田建设通则》(GB/T 30600—2022)

《中华人民共和国水污染防治法》(2018 年)

《中华人民共和国水土保持法》(2010 年)

《中华人民共和国文物保护法》(2017 年修正)

《"十四五"重大农业节水供水工程实施方案》(2021 年)

《水闸设计规范》(SL 265—2016)

《河道建设标准》(DB33/T 614—2006)

《浙江省主体水功能区水环境功能区手册》(2016 年)

《浙江省河道管理条例》(2011 年)

《浙江省饮用水水源保护条例》(2011 年)

《浙江省美丽河湖建设行动方案(2019—2022 年)》

《泵站设计标准》(GB/T 50265—2022)

《公园设计规范》(GB 51192—2016)

《城市绿地设计规范》(GB 50420—2007)

《河湖生态保护与修复规划导则》(SL 709—2015)

《新时代美丽乡村建设规范》(DB33/T 912—2019)

《国务院办公厅关于推进农业水价综合改革的意见》(2016 年)

《关于贯彻落实〈国务院办公厅关于推进农业水价综合改革的意见〉的通知》(2016 年)

《关于持续推进农业水价综合改革工作的通知》(2020 年)

《浙江省水利厅办公室关于印发农业水价综合改革"五个一百"创建活动评定办法和大中型灌区供水计量设施建设方案及 2021 年度实施计划的通知》(2021 年)

《水利部办公厅关于做好深化农业水价综合改革推进现代化灌区建设试点工作的通知》(2023 年)

公众号:浙江水利、杭州林水发布、临平农林

后 记

　　随着《乡村振兴背景下的水利工程环境设计》的篇章缓缓落幕，我们不禁沉思，面对国家全面实施乡村振兴战略的广阔舞台，水利工程环境的未来应当如何书写？本书通过对水利工程环境设计的深入研究、路径探讨和笃实践行，为读者描绘了一个更加和谐、美好、可持续发展的美好图景。

　　我们曾经目睹水利工程建设的功利一面，而随着乡村振兴战略的实施，还要厚植文化，赋予内涵，锻造灵魂，凸显优秀水利文化，指引乡村风貌由表及里、形神兼备的全面提升，使水利工程成为乡村生态的守护者，乡村科技的引领者，乡村文化的承载体，是乡村产业的催化剂，是乡村振兴的助推器，塑造乡村发展新动能、新优势，实现水利工程环境质的飞跃。

　　水利工程环境设计应努力谋求铸就乡村振兴魂，凝聚创新乡村振兴情，探求打造和美乡村路，传承优秀水利工程神。书中所述的一系列创新设计理念和实践案例，为读者展现了如何将水利工程环境与田园风光、人居生活、文化传统、乡村产品、乡村产业和文化旅游发展等完美融合的路径和方法。

　　本书深刻诠释了水利工程环境设计，设计范围由点拓展到周边区域环境的线与面，设计目标由一个盆景点提升到城乡片区的风景，设计内容由水利行业走向全民素质提升，展示水利工程环境设计"有高度，关乎农产品安全；有宽度，关心百姓需求；有深度，关联数字赋能；有热度，关注持续深化；有力度，关注乡村振兴"等"五有"特征，向社会提供参考价值、体验价值、情绪价值、社交价值、传播价值、分享价值，把水利工程产品变成乡村振兴产业、把乡村过路变成乡村过夜、把乡村打卡变成乡村刷卡、把乡村网红变成乡村常红、把乡村人气变成乡村财气、把乡村单赢变成城乡共赢，为乡村振兴注入新的活力。

　　然而，乡村振兴是一场漫长的行动，需要包括水利行业在内的每一个行业、每一个人不断地学习、实践与创新。书中提出的水利工程环境设计理念和方法仅仅是笔者及团队工作的感悟、是起点、是探索，它需要我们每一个人去思考、去细化、去适应不同的乡村环境和需求，去不断完善和发展。我们需要构建一个开放包容、多方参与、共同协作的水利工程环境设计平台，汇集政府、企业、专家、学者、乡村居民等的智慧和力量，共同推进乡村振兴的伟大事业。

在此，我们期望本书能够激发读者们的思考与行动，贡献推动乡村振兴的一份力量。让我们携手并进，共同书写一个充满希望、生机盎然的乡村振兴新篇章。让水利工程在希望的田野上，不仅成为乡村的血脉，更成为乡村的灵魂，使我们的乡村物质更丰满，环境更和美，产业更兴旺，百姓更富强，精神更充盈，向着现代化、生态化、人文化的方向坚定而优雅地前行。

编著者

2024 年 10 月